KB074114

화학사, 상식을 다시 보다

교과서의 오류는 왜 생겼는가?

전파과학사는 독자 여러분의 책에 관한 아이디어와 원고 투고를 기다리고 있습니다. 디아스포라는 전파과학사의 임프린트로 종교(기독교), 경제·경영서, 일반 문학 등 다양한 장르의 국내 저자와 해외 번역서를 준비하고 있습니다. 출간을 고민하고 계신 분들은 이메일 chonpa2@hanmail.net로 간단한 개요와 취지, 연락처 등을 적어 보내주세요.

화학사, 상식을 다시 보다
교과서의 오류는 왜 생겼는가?

–
초판 1쇄 1993년 07월 30일
개정 1쇄 2022년 08월 23일

–
편 집 자 일본화학회
옮 긴 이 박택규
발 행 인 손영일
디 자 인 장윤진

–
펴낸 곳 전파과학사
출판등록 1956. 7. 23 제 10-89호
주   소 서울시 서대문구 증가로18, 204호
전   화 02-333-8877(8855)
팩   스 02-334-8092
이 메 일 chonpa2@hanmail.net
홈페이지 www.s-wave.co.kr
공식 블로그 http://blog.naver.com/siencia

ISBN   978-89-7044-372-0(03430)

화학사, 상식을 다시 보다

교과서의 오류는 왜 생겼는가?

일본화학회 편집 | 박택규 옮김

전파과학사

목차

1. 서장

'상식의 오류'가 생기는 근원

시마하라 겐조(島原健三)

게이오기주쿠대학 공학부 졸업. 화학공장 근무, 고등

학교 교사 등을 거쳐, 세이케이대학 공학부 공업화학

과 교수. 공학박사. 전공은 응용생화학, 화학사.

1. '서장'의 '여는 말': 쑥스럽고 어색한 '화학사'

화학의 역사적 사실로서 항간에 널리 알려진 것 중에는 틀린 것이나 틀렸다고 할 수 없어도 정확하지 않은 것이 많다. 그러므로 이른바 '상식의 오류'에 대해 생각해 보자는 것이 이 책의 취지이다. 따라서 각 장마다 집필자는 다르지만 전체적으로는 총괄된 하나의 형식을 갖도록 했다. 각 장마다 '상식의 오류'를 주제로 각각의 집필자에 의해 자세히 논증하게 된다.

그런데 이런 기획을 처음 제의한 까닭인지, 이 첫 장의 집필을 내가 맡게 되었다. 영광이라 생각하지만 조금은 부담스럽다. 처음 장이니까 인사나 취지 설명을 하는 것으로 생각하면 되겠지만, 화학사의 완전한 전문가가 아닌 나의 입장에서는 넓은 시야를 가지고 설득력이 있는 논조로 전개할 자신이 없다. 그러므로 서투르면 서투른 대로 마음을 가다듬고, 평소 개인적으로 심하게 느끼고, 다소 독단적인 편견으로 가득 차 있다고 볼 수 있는 논조를 나름대로 피력하고자 한다.

나는 화학과 생물학의 경계선쯤의 '응용생화학'이란 분야를 전공하면서 나름대로 응용 연구를 하는 사람이다. 그리고 쉴 때는 가끔, 화학사에 관한 책들을 읽기도 한다. 물론 강의 준비를 하기 위해서나, 취미 때문이기도 하지만 말이다. 그런데 화학사를 읽을 때면 어색한 위화감에 사로잡히는 때가 적지 않다. 잠깐! 하는 생각과 함께, 어딘가 틀렸구나! 하면서 머리 한쪽 구석에서 투덜대는 나를 발견하기도 한다. 좀 더 자세히 말한다면, 화학사에 쓰인 '화학'과 내가 연구를 통해 이해하고 있던 '화학'과의 차이가 마음에 걸려 어쩔 수 없다고 해야 할 것 같다. 그런데 이러한 사정은 모든 교과서에 적어 놓은 첫 장의 경우와 화학사에 관한 두터운 전문 서적의 경우에도 별 차이가 없다.

나로 하여금 이러한 기획을 생각하게 한 근본적인 배경은 이러한 위화 감이다. '상식의 오류'를 하나하나 밝혀내는 동안에 위화감의 정체가 드러 나지 않을까 생각했던 것이다. 그리고 기획 소위원회 여러분들의 도움으로 이 책의 큰 줄거리가 짜인 지금에 와서는, "어딘가 틀린 것 같다"라고 느낀 사항의 원인이 내 쪽에 있는 건지 '화학사' 쪽에 있는 건지, 두 개의 '화학' 사이에는 왜 그러한 차이가 생기는지, 이 책을 읽는 동안에 차차 밝혀질 것이라고 한층 기대해 본다(자신이 없으니 괄호를 치고 쓰는데, '화학사'에 대한 이러한 위화감은 화학에 관여하는 사람들이 꽤 많은 분야라서 느끼는 것은 아닐까. 그리고 이러한 위화감이 화학 연구자에게는 '화학사'에 대한 혐오나, 혐오까지는 아니 더라도 '화학사'에 관심 없는 사람이 많은 것도 한 원인이 아닐까. 그러니 '화학사'를 싫 어하는 분들은 싫고 좋고를 떠나서 한번 이 멋진(?) 책을 읽어 봤으면 좋겠다).

그렇다면 위화감과 '상식의 오류'는 어디에서 어떻게 이어졌는가. '서 장'의 '여는 말'은 이 정도로 하고, 잠깐! 했거나 어딘가 틀린 것 같다고 중 얼댄 몇 군데에 대해 구체적으로 알아보기로 한다.

2. 화학은 끊임없이 단계적으로 진보 발전했는가?

〈그림 1-1〉은 Z사가 발행한 고교 교과서에서 인용한 것이다. 이 책에 서는 '상식의 오류'의 원천으로 고교 교과서를 많이 다룰 예정이다. 그 이

유는 '교과서'는 권위가 있어야 하고 '상식'을 형성하는 데 큰 힘을 갖고 있으며, 내용이 간결·치밀하기 때문에 문제점이 노출되기 쉽기 때문이다. 다른 뜻은 없다.

그런데 〈그림 1-1〉에는 '화학의 기본 법칙과 분자설·원자설의 관계'라는 제목이 붙어 있다. 여기서 말하는 '관계'란 단순히 시각적인 관계가 아니고 그림에 달린 설명에서도 뚜렷하게 알 수 있듯이 내적인 인과관계라는 뜻이다.

> 「질량 보존 법칙이나 일정 비례 법칙을 **설명하기 위해서** 원자설이 생겨나고, **여기에서** 배수 비례 법칙이 **유도되고** 확인되었다. 나아가서 기체 반응 법칙을 원자설에서 **설명하려고** 하면서 분자설이 생겨났다.」
>
> (굵은 글씨는 필자)

이쯤 되면 잠깐! 하고 중얼대기는 고사하고, 고함을 지르고 싶을 정도의 전형적인 보기가 최초로 선을 보였는데, 위화감이 생기는 이유를 규명해 가니(그림으로 말한다면 여러 법칙을 잇고 있는 화살표) 설명문에서 굳이 말하자면 굵은 글씨에 해당할 것 같다. 다시 말해 화학이란 것은 끊임없이 단계적(Hierocratical)으로 진보 발전하는 것처럼 서술하고 있는데, 그 서술 방법이 너무나도 도식적이어서 이 부분이 마음에 걸린다. 또한 분명하게 쓰여 있지 않으나 이러한 도식이 성립되기 위해서는 화학자는 자기 자신과 같은 시대의 연구자의 연구 내용을 후세 사람이 그것을 이해하는 것과 같은 개념으로 이해해야 하므로, 그 점에 대해서도 납득하기 어렵다.

위의 두 가지 점은 평소 나의 주변에서 자주 보아온 화학의 진보 발전의 모양(화학의 역사를 진보 발전이란 개념으로 파악하는 것이 정당한지 어쩐지는 별도로 논의해야 할 문제이지만, 지금은 우선 이 말을 쓰기로 한다)과는 매우 다르다. 아마 여러분도 그렇게 생각하고 있지는 않은지. 그러나 여기서 여러분과 나의 경험을 비교하면서 이것저것을 생각하기보다는, 화학의 '진보 발전'이 막다른 골목에 이른 보기로 20여 년 전에 잠시 붐을 일으킨 고분자수(Polywater) 연구의 과정을 상기하고 싶다.[1]

문제의 발단은 한 소련(현 러시아) 과학자에 의해 보통의 물과 끓는점, 녹는점, 밀도, 점도 등이 현저하게 다른 특수한 물의 발견이었다. 이 물은 변태수라 부르고, 초기 몇 년 동안 소련 국내에서만 연구가 이루어졌으나 곧 영국과 미국으로 확산되었다. 이쯤 되자 일사천리로 세계 각지의 연구자들이 경쟁적으로 관여하여, 명칭도 연구의 발전에 따라 변태수에서 이

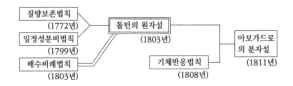

그림 1-1 | 여러 법칙 간의 인관관계의 설명도(Z사의 교과서에서)
질량 보존 법칙이나 일정 성분비 법칙을 설명하기 위해 원자설이 생겨나고, 이것으로 배수 비례 법칙이 유도되고 확인되었다. 나아가서 기체 반응 법칙을 원자설에서 설명하기 위해 분자설이 생겨났다.

상수, 고분자수로 변해 갔다. 마지막 이름은 이 물이 고분자 구조를 갖고 있다는 사실을 적외선 스펙트럼으로 입증한 학자가 붙인 것이다. 이 시기의 선풍적인 열기는 연간 발표 논문 수가 세 가지에 이르고, 심포지엄도 개최하고, 고분자수의 합성이 활발하게 이루어지면서 이로 인해 지구상의 물이 모두 고분자수가 될 것이라고 진정으로 경고한 학자가 있었다는 점으로도 느낄 수 있을 것이다.

그러나 얼마 후에 이 물은 용기의 무기물이 녹아 들어간 고오염수에 불과하다는 것이 밝혀져 열기는 곧바로 무산되고 말았다. 이때 연구의 최성기에는 고분자수는 보통의 물보다 안전하다고 컴퓨터로 출력까지 해놓고도 정세가 불리하게 되자 즉각 고분자수는 불안전하다는 계산 결과를 발표한 용감한 사람도 있을 정도였으니, 이쯤 되면 자신의 연구가 무엇인지조차 모르는 것을 희화적으로 나타낸 보기라고 할 수 있다.

개 한 마리가 짖으면 동네의 모든 개가 짖는다는 것을 몸소 실천한 하나의 예로 이것을 비웃는 우리 자신이 실제로 고분자수 사건의 축소판을 언제나 되풀이하고 있는 것은 아닌지 은근히 걱정되기도 한다. 그리고 그런 시각에서 〈그림 1-1〉을 보면 화학의 멋진 '진보 발전' 도식이 어쩐지 쑥스럽고 어색한 허구처럼 보이기도 할 것이다. 독단과 편견임을 알면서 굳이 억측한다면 화학은 끊임없이 진보 발전한다는, 이 교과서의 저자(따라서 그 배후에 존재하는 '화학사의 상식')의 고정관념이 우선이고 그것에 맞추어 여러 발견을 인간관계의 줄로 연결한 것이 〈그림 1-1〉이 아닐지. 만약 화학이 이처럼 규칙적으로 발전해 간다면 1811년에 성립했을 분자설이 그 후 50년 동안이나 무시되어 온 것을 어떻게 설명해야 할까. 세상은 천재를 받아 주지 않고 끝나는 수가 있을지 모르나, 그것으로는 아보가드로 (A. Avogadro, 1776~1856) 이후의 화학자가 바보뿐이었다는 말과 같으므로 이것 역시 이야기가 안 된다.

좀 앞지른 감도 없지 않지만, 문제는 〈그림 1-1〉의 화살표나 혹은 설명문의 굵은 글씨의 표현이 옳은지 아니면 나의 위화감이 적당한지 하는 것이다. 나의 이러한 의문에 대해 구체적인 검증을 포함한 해답은 나중에 3~5장의 집필자가 해줄 것이다.

3. 이론은 이치의 추론만으로 이루어지는가?

이상에서 법칙이니 이론이니 하는 발견이 '화학사'에서는 일반적으로 어떻게 정의되는지를 살펴보았다. 그렇다면 그러한 것이 개인의 내부에서 형성되는 과정은 보통 어떻게 파악할 수 있을까.

다시 한번 Z사의 교과서에서 분자설의 성립에 대해 기술한 부분을 인용하기로 한다.

「등온·등압 하에서 같은 부피의 단순 기체는 같은 수의 원자가 함유되어 있다 … (라는) 생각을 <그림 25> (b)로 나타낸 것처럼 실험 결과를 적절하게 설명할 수 없는 경우도 있다는 것을 알게 되며, 이것을 해결하기 위해서 아보가드로는 1811년에 다음과 같은 분자설을 생각했다.」

라고 했으며, '기체 반응의 법칙과 분자설'이라는 제목의 그림(여기서는 〈그림 1-2〉)이 첨부되어 있다.

　이것도 잠깐!의 보기로서, 추리만으로 이론에 도달할 수 있도록 쓰인 점이 마음에 걸린다. 아마도 더욱더 비약이 있을 것이라는 생각이 든다. 나의 빈약한 경험에 비추어 보아도 그렇다. 뉴턴의 사과니, 케쿨레의 꿈[2]이니 하는 일화가 널리 사람들의 입에 오르내리는 것은 많은 사람이 이러한 유형의 비약이 필요하다는 것을 암암리에 인정한 까닭이 아닐까.

　그런데 〈그림 1-2〉와 같은 추론은 언뜻 보기에는 이치에 맞는 것 같지만, 좀 더 자세히 살펴보면 허술하다는 것을 알게 된다. 이 저자는 추론 과정에서 '수증기가 한 부피?'이니 '원자가 갈라진다?'느니 하면서 걱정했으나, 이것은 단순 기체의 '같은 부피 내에 같은 수의 원자' 가설을 화합 기체인 수증기에까지 무조건 확장한, 다시 말해 오늘날의 이른바 '아보가드로의 법칙'의 성립을 당연한 전제로 인식한 데서 생기는 걱정이므로 '아보가드로의 법칙' 쪽을 단념하는 선택도 있었을 것이다. 즉, 〈그림 1-3〉 (a)와 같이 원자와 분자에서는 같은 부피 속에, 포함된 수가 다르다고 가정하는 해석법도 있다. 또한 꼭 '아보가드로의 법칙'을 살리고 싶다면 〈그림 1-3〉 (b)와 같이 수소는 원자(현대식으로 말하면 단원자 분자), 산소는 2원자 분자, 물은 수소와 산소 각 1원자로 이루어진 분자(이것은 돌턴의 모형과 일치한다)라고 가정하는 해결법도 가능할 것이다.

　요컨대 〈그림 1-2〉 (c)의 수소와 산소는 2원자 분자라는 결론은 단지 추론을 하는 것만으로는 절대로 도달할 수 없는 것이다. 다시 말하자면

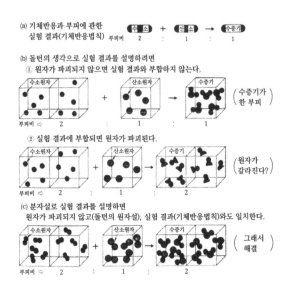

(a) 기체반응과 부피에 관한
실험 결과(기체반응법칙) 부피비 2 : 1 : 1

수소 + 산소 → 수증기

(b) 돌턴의 생각으로 실험 결과를 설명하려면
① 원자가 파괴되지 않으면 실험 결과와 부합하지 않는다.

수소원자   산소원자   수증기   (수증기가)
                                          (한 부피)
부피비 ⇨   2   :   1   :   1

② 실험 결과에 부합되면 원자가 파괴된다.

수소원자   산소원자   수증기   (원자가)
                                          (갈라진다?)
부피비 ⇨   2   :   1   :   2

(c) 분자설로 실험 결과를 설명하면
원자가 파괴되지 않고(돌턴의 원자설), 실험 결과(기체반응법칙)와도 일치한다.

수소원자   산소원자   수증기   (그래서)
                                          (해결)
부피비 ⇨   2   :   1   :   2

그림 1-2 | 분자설 성립 과정의 설명(Z사의 교과서에서)

〈그림 1-2〉와 같은 그림 설명의 허점은 이것이 이론으로 정립되는 데는 이치뿐만 아니라 비약도 필요하다는 것을 역설적으로 보이고 있다.

나는 이러한 사이비 논리보다는 '뉴턴의 사과' 전설 같은 것이 실정에 가까운 것처럼 여겨진다. 뉴턴(I. Newton, 1642~1727)은 사과가 떨어지는 것을 보고 인력을 생각해 냈다.[3] 과연 천재다라고 하는 것은 매우 어리석은 이야기지만, 머릿속에 가득 찬 여러 가지 사소한 생각이 어떤 계기로 명확해지는 일은 보통 사람이라도 가끔 경험한다. 하지만 이러한 유형의 이야기를 지나치게 중요시하면 화학사는 마치 천재들의 일화와 환담으로 가득 차 버려서 이제까지 보아 온 것과는 다른 현실의 '화학'과 차이가 생기게 될 것이다.

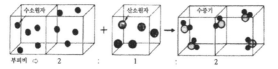

(a) 원자와 분자는 같은 부피 속에서 분자수가 다르다고 생각하면

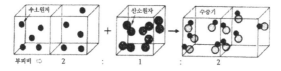

(b) 산소 2원자 분자나 수소는 종래의 생각대로 원자로 이루어졌다고 생각하면

그림 1-3 | 〈그림 1-2〉의 걱정에 대한 다른 해결법

4. 법칙은 언제나 실험에서 얻어지는가?

「질량 보존 법칙이 성립된다는 사실은 물질의 구조에 대해서 알
려진 것이 없을 때 라부아지에가 <그림 5>(그림 1-4)와 같은 장치
로서 **실험에 의해** 증명했다(1744).」

(굵은 글씨는 필자)

이것은 S사의 교과서에서 인용한 것으로 〈그림 1-4〉가 첨가되어 있
다. 이것도 잠깐!의 경우인데, 우선 걸리는 것은 '실험에 의해' 증명했다는
부분이다. 질량 보존 법칙과 같은 모든 반응에 적용되는 대부분의 법칙을
'실험에 의해' 증명하는 데는 여러 종류와 많은 수의 실험이 필요하다. 그
런데 그림 설명에 의하면 라부아지에(A. Lavoisier, 1743~1794)가 이것에

관해 실시한 실험은 **빨간 물질의 질량=원래의 수은 질량+감소한 공기 무게**(질량과 무게가 혼동되나 취지는 이런 뜻일 것이다)를 확인하는 실험 중의 하나였다고 한다. 질량 보존 법칙이 만일 이 실험 하나로 제창된다면 이것을 실험에 의한 증명이라고 부르는 것은 무리가 아닐까.

질량 보존 법칙의 경위는 무토 신(武藤 神) 씨가 다음 장에서 밝혀 줄 것이지만, 이것을 실험적 증명이라 할 수 있는지는 한마디로 말할 수 없을 것 같다. 교과서의 저자는 그것을 앞에서와 같이 요약했으나 이런 저의에는 화학의 법칙이 모두 실험에서 얻어지게 되는데, 하물며 근대 화학의 창시자인 라부아지에에 있어 하는 식의 이 교과서 저자의(따라서 '화학사의 상식'의) 선입관이 작용한 것처럼 생각된다.

그런데 〈그림 1-4〉에는 이 밖에도 기묘한 데가 있다. 그림의 장치가 아무리 봐도 중량 측정에는 부적합한 것이다. 몹시 마음이 쓰여 다른 것을 구해 보았더니 Z사의 교과서에서 〈그림 1-5〉를 찾았다. 이것엔 인물

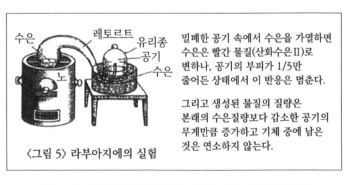

밀폐한 공기 속에서 수은을 가열하면 수은은 빨간 물질(산화수은Ⅱ)로 변하나, 공기의 부피가 1/5만 줄어든 상태에서 이 반응은 멈춘다.

그리고 생성된 물질의 질량은 본래의 수은질량보다 감소한 공기의 무게만큼 증가하고 기체 중에 남은 것은 연소하지 않는다.

〈그림 5〉 라부아지에의 실험

그림 1-4 | 질량 보존 법칙의 증명 실험의 설명(S사의 교과서에서)

이 그려져 있다(그렇다고 해도 이 라부아지에가 난로 곁을 손으로 집고 있는데 뜨겁지 않은지 모르겠다)고는 하나 장치는 같은 것이다. 아마 원류는 같을 것이다. 그렇지만 설명은 꽤 달라, 〈그림 1-5〉의 장치는 실험 재료인 산화수은의 제조에 사용된 것으로 되어 있다. 이러한 사용법이라면 그 자체는 틀리지 않았어도 이 장치의 그림을 실은 저자의 뜻을 이해하기 어려우며(준비를 위한 장치가 아니고 실험 자체에 사용된 장치를 싣는 것이 일반적인 상식이 아닐까), 그림의 제목도 라부아지에가 이 장치를 사용하여 질량 보존 법칙을 발견했다고 받아들이기엔 어쩐지 어설프다. 두 기사의 출전을 모르니 단언할 수는 없으나 내 생각엔 인용을 되풀이하는 동안에 한쪽은 장치의 사용 용도가 완전히 달라지고, 다른 쪽은 그 정도는 아니더라도 전체로서는

그림 1-5 | 질량 보존 법칙의 증명 실험의 설명(乙사의 교과서에서)
그림과 같이 수은을 1일간 가열했을 때 생긴 적색의 재(산화수은)의 질량 m_1은 2.90g이다. 이 적색의 재를 추출해서 분해했더니 발행기체(산소)의 질량 m_2이 0.23g이다. 이때 생성된 액체(수은)의 질량은 2.67g이다. 따라서 $m_1 = m_2 + m_3$가 된다.

애매한 인상을 주는 기사가 된 것이 아닐까.

어느 경우든 질량 보존 법칙을 둘러싸고 다시 새로운 '상식의 오류'가 생기기 직전까지 와 있는 것 같은 느낌이 든다.

기왕 흠을 들추는 바에 잘못 인용된 것 같은 보기를 하나 더 들어 보자.

「그중에서도 라부아지에는 정확한 측정을 계통적으로 실시하여 원소를 불멸의 것이라 하여 1772년에 …… 질량 보존 법칙을 발표했다.」

이것은 Z사의 교과서의 〈그림 1-5〉에 대응하는 기사인데, 법칙 발견의 연대를 보기 바란다. 틀린 것은 S사 쪽인지, Z사 쪽인지, 아니면 양쪽 모두인지, 혹은 아직 정설이 없는지. 그렇지 않다면 이 시대의 발견은 연대를 확정할 수 없는지. 이 문제도 앞의 질량 보존 법칙이 성립되는 경위와 함께 다음 장 이후에서 거론할 것이다.

5. '서장'의 '닫는 말': '상식의 오류'가 생기는 다양한 근원

나의 위화감을 출발점으로 삼아 이상에서 독단과 편견에 찬 고찰을 거듭했으나, 이것에 의하면 '상식의 오류'의 꽤 많은 부분은 '화학'이란 이래야 한다(혹은 '화학사'란 이렇게 적어야 한다)라는 선입관에 의해 이루어진 것 같다. 앞에서 지적한 '상식의 오류'는 모두가 정말 거짓인 '오류'인지 그 검증은 2장 이후의 집필자에게 부탁하기로 하고, 1장인 '서장'에서는 내가 생각하는 '상식의 오류'의 토대를 선입관별로 분류하는 것으로 마무리 하고자 한다. 내 생각에 의하면 다음의 네 가지가 될 것 같다.

첫째: 화학은 끊임없이 단계적으로 진보 발전한다는 오류

둘째: 화학 법칙은 언제나 실험의 결과로 유도된다는 오류

셋째: 법칙의 발견자는 자신의 발견 내용을 후세 사람들이 이해 하는 것과 같은 개념으로 이해하고 있다는 오류

넷째: 화학사란 천재들의 일화를 모아 놓은 것이라는 오류

일단 이 정도로 분류해 보았으나 어떤 것은 원류가 같은 것 같다는 생 각도 든다. 다른 분류 방법이 있는지 모르겠다. 아니, 분류하는 것에 어느 정도의 의미가 있는지 내가 충분히 이해하고 있다고 말하기 어렵다. 이러 한 점에 대해서는 2장 이후의 집필자가 구체적인 사례를 들면서 설명해 줄 것이므로, 나는 내 생각이 수정되고 깊이가 있기를 기대한다.

더 말한다면 위와는 차원이 다르나 잊어서는 안 될 '상식의 오류'에는 또 하나의 큰 범주가 있다는 것을 지적할 필요가 있다. 즉,

다섯째: 부주의에 의해 발생하고 무비판적으로 베껴냄으로써 중복되는 오류

가 그것이다.

참고문헌과 주

1 이노야마(井山弘幸) 씨가 독특한 필법으로 이 문제를 소개했다. 『化學』 40권 (1985), p.500.

2 케쿨레가 뱀이 자신의 꼬리를 문 꿈을 꾸고, 벤젠의 고리 모양 구조를 착상했다는 일화. 이것은 케쿨레가 기록으로 남기고 있으나, 실은 그의 창작이라는 설도 있다. J. H. Wotiz and S. Rudofsky, 『化學史 研究』, 1984, p.126.

3 가와베(河邊六男) 씨에 의하면 사과 전설 외 발단이 된 스터클리의 『回想錄』에는 '떨어졌기에'가 아니고 '떨어졌을 때'로 적혀 있다고 한다. 『뉴턴(世界의 名著 26)』, 中失公論(1971), p.22.

이 책의 〈그림 1-1〉, 〈그림 1-2〉, 〈그림 1-5〉 그리고 〈그림 5-2〉, 〈그림 5-3〉은 『高校理科Ⅰ』(實敎出版)에서, 〈그림 1-4〉는 『高校理科Ⅰ』(三省堂)에서 전재한 것이다.

2.

질량 보존 법칙은 발견된 것인가:
라부아지에는 무엇을 했는가

무토 신(武藤 神)

도쿄대학 이학부 화학과 졸업. 일본 페니실린제약,
가나가와현립 쓰루미고등학교, 무사시고등학교
교사. 전공은 유기화학, 화학사.

1. 여는 말

초등학교에서 중학교로 진학한 학생은 이과의 제1분야에서 화학 입문에 관한 사항을 배우게 되고, 2학년쯤에 '질량 보존 법칙'을 배운다. 이 법칙이 근대 화학의 기초가 되는 중요한 법칙이라는 것에는 아무도 이의가 없으며, 고등학교의 이과Ⅰ에서 다시 다루게 되는데, 많은 교과서에서 1774년에 프랑스의 라부아지에(그림 2-1)가 발견했다고 기재하고 이것을 상식화한다. 과연 이것이 사실일까. 이 장의 여는 말에 우선 그 문제부터 검토하기로 한다.

라부아지에(L. Lavoisier, 1743~1794)는 프랑스의 화학자, 물리학자이며 근대 화학의 창시자라고도 부른다. 그는 물질이 공기 중에서 연소하면 중량이 증가하는 사실을 실험에 의해 확인하고, 이것이 연소하는 물질과 공기 중의 어떤 성분과의 결합에 의한다는 것을 입증하지 못했으나, 공기 중의 연소에 의해 물질과 결합하는 성분을 산소라고 이름 짓고 그 화학적인 역할을 밝혔다. 이 연구 과정에서 주석을 밀폐한 레토르트 속에서 가열해도 전체의 무게는 변화하지 않는다고 제시한 일이 '질량 보존 법칙'의 발견으로 간주되고 있는 것이다.

2. 고대에도 있었던 '질량 보존' 사상

그러면 질량 보존 법칙이란 어떤 내용일까. 교과서에서 다루는 것을 보기로 하자. 중학교에서는 예컨대 G사의 교과서에는 '화학변화의 전후

그림 2-1 | A. L. 라부아지에(1743~1794)

에는 화학변화에 관계하는 물질 전체의 질량은 변화가 없다'라고 설명하고 있는데 다른 교과서의 표현도 거의 비슷하다.

이 표현은 고등학교 이과 I의 교과서에서도 거의 변함이 없다. 그러나 K사의 교과서처럼 '물질은 무에서는 생겨나지 않으며 반대로 소멸하는 일도 없다'라는 표현을 함께 적은 것도 있어서 이러한 표현 방법을 따지고 보면 라부아지에보다 훨씬 오랜 시대로 거슬러 올라갈 수 있다.

그리스에서는 기원전 5세기 중엽에 활동한 사모스섬의 철학자 메리소스(Melissos)가 '아무것도 없는 데서는 아무것도 생기지 않는다'라고 말했고, 이보다 약간 뒤에는 데모크리토스(Demokritos, B.C. 460~370경)가 '무에서는 아무것도 생겨나지 않고 무로 돌아간다'라고 말했다. 그러나 데모크리토스가 물질의 중량에 유념했는지는 분명하지 않다. 중량을 물질의 성질 중 하나로 추가한 것은 에피쿠로스(Epikouros, B.C. 342~271)부터라고 보고 있다.

B.C. 1세기의 로마 시인 루크레티우스(T. C. Lucretius, B.C. 94~55경)는 주로 데모크리토스나 에피쿠로스의 설에 근거하여 '물질의 본성에 관해서' 논했는데,[1] '신의 힘으로도 무에서는 아무것도 생겨나지 못한다' 하고 '그러므로 보이는 것은 무엇이든 결코 멸망하지 않음'으로 '어떠한 힘도 물질의 총화를 변화시킬 수 없다'라고 설명했다.

중국에도 같은 사상이 있었다고 한다. 열어구(列禦寇)에 대해서는 실재의 인물이 아니라는 설도 있으나, B.C. 5세기 말경의 사상가라 부르며 그의 저작으로 여겨지는 『열자(列子)』는 후세 사람이 가필했다 해도 늦어도 2세기에는 완성된 것이다. 이 책의 천서편(天瑞編) 13장에 주(周)의 문왕(文王, B.C. 11C경)의 스승으로 여겨지는 죽능(粥態)의 말로서 인용하고 있는 '物損於彼者盈於此成於此者鶴於彼(물건은 저쪽에서 멸하면 이쪽에서 충만하고, 이쪽에서 형성하면 저쪽에서는 멸한다)'라는 말을 통해 현대 중국의 화학사가는 질량 보존의 사상을 표현한다고 주장한다.[2] 그러나 문맥 전체의 연관성을 보면 만물이 끊임없이 변화하는 것을 설명한 것으로 이 말을 질량 보존과 연결시키는 것은 억지 춘향 같은 소리라고 생각한다.

이러한 사상가들이 설명하는 바가 그대로 후세의 화학 이론에 계승되지 않더라도 물질이 불멸이라는 원리는 많은 화학자들에 의해 특별하게 언급하진 않았지만 자명한 사실로 인식된 것처럼 여겨진다. 그러나 이러한 인식은 오랫동안 관념적인 것으로 인식된 것도 사실이다.

3. 실험 화학의 여명

금속을 공기 중에서 가열하면 중량이 증가한다는 사실은 꽤 오래전 부터 알려져 있다. 예를 들어 3차 방정식의 풀이로 유명한 이탈리아의 카르다노(G. Cardano, 1501~1576)는 납을 태워 밀타승(산화납, PbO)을 만들 때, 납의 중량이 1/13 증가한다고 기술했다. 영국의 보일(R. Boyle, 1627~1691)도 1673년에 출판한 저서에서 금속을 공기 중에서 태우면 중량이 증가한다는 것을 기재하고 있는데 이 논문은 「불과 불꽃의 무게를 안전하게 측정할 수 있는 새로운 실험」이라는 제목이 붙어 있다. 불의 원소가 무게를 갖고 있다는 것을 제시하는 것이다.

18세기에 이르면 저울이 화학을 연구하는 데 있어서 중요한 기구가 된다. 화학 연구에 저울을 처음으로 도입한 사람은 스코틀랜드의 화학자 블랙(J. Black, 1728~1799)이라고 한다. 그는 1755년 6월에 발표하고 다음 해에 간행한 연구에서 마그네시아알바[수산화탄산마그네슘, 예를 들면 $Mg_4(OH)_2(CO_3)_3 \cdot 3H_2O$]를 가열하여 마그네시아(산화마그네슘, MgO)로 변화시키면 중량의 7/12을 상실하는데 이러한 감소는 소량의 물과 한정된 공기(이산화탄소, CO_2)가 날아가 버리기 때문이라 했다.[3] 이러한 논법은 침묵 속에서도 질량 보존을 전제로 하고 있다는 것이 분명하다.

러시아의 과학자 로모노소프(M. V. Lomonosov, 1711~1765)는 1756년에 한 실험에서 금속을 밀폐한 레토르트 속에서 가열하면 밖에서 공기가 들어오지 않는 한, 금속재의 중량은 변하지 않는다는 사실을 확인했으나[4] 이 연구는 당시에는 발표되지 않았다. 그의 원래의 목적은 보일이 한 납이나 주석을 가열하면 중량이 증가하는 실험을 용기를 밀폐한 상태에서 확인하려는 것이었다.

4. 라부아지에의 초기 실험: 물은 흙이 되는가

18세기 중엽의 과학자는 어떤 원소가 다른 원소로 변화할 수 있는지 없는지 하는 것이 매우 중요한 문제였다. 그러므로 라부아지에는 물에서 흙으로 변화하는가를 실험적으로 확인하려 했다. 즉 펠리칸이라고 이름 붙인 밀폐할 수 있는 용기(그림 2-2) 속에 물을 넣고, 장시간 가열했다. 그리고 그 결과를 2편의 논문으로 『프랑스 과학아카데미 기요(科學學士院紀要)』에 발표했다.[5]

포장주머니 1리브르(livre) 10온스(once, oz) 7그로(gros, gr) 21.50그랑(grain, gr)(823.36g)의 펠리칸에 물을 넣어, 5리브르 9온스 4그로 41.50그랑(2740.37g)[6]이 되었으므로 물의 무게를 3리브르 14온스 5그로 20.00그랑으로 구했다. 이때 질량이 보존되는 것을 전제한다. 이것을 1768년 10월 24일부터 모래 위에서 가열했다. 온도는 드 레오뮈르(R. A. F. de Reaumur, 1687~1757)의 온도계[7]로 60~70°(섭씨온도로 환산하면 약 70~80℃)를 유지했다.

처음의 25일간은 아무런 변화도 나타나지 않아서 실험 성과에 절망하기 시작했으나 11월 20일에 이르러 물속에 작은 부유물이 심하게 움직이는 것을 확인했다. 부유물의 양은 점점 증가했으나, 12월 초부터 15~20

그림 2-2 | 페리칸

일에 걸쳐서는 그 수나 크기에는 큰 변화가 없었다. 그 후에는 부유물의 수가 감소하기 시작하고 대신 용기 밑바닥에 일부가 석출하기 시작했다. 이 경향은 다음 해(월) 중에도 계속되고 꽤 많은 양의 '토[8]'가 생성된 것처럼 보이므로 2월 1일에 가열을 중지했다. 꼭 100일 동안의 가열이었다.

페리칸은 내용물을 그대로 둔 채로 무게를 달았더니 5리브르 9온스 4그로 41.75그랑(2740.38g)이었다. 가열 전 중량에 비해 0.25그랑(0.013g)의 증가에 불과한데 이것은 실제로는 0으로 볼 수 있다고 라부아지에는 말하고 있다. 여기에서 그는 변화가 있어도 질량은 보존된다는 사실을 실험적으로 보인 것이다.

또한 그의 원래 목적인, 물을 비운 후의 페리칸의 무게는 1리브르 10온스 7그로 4.12그랑이며 실험 전에 비해서 17.38그랑 감소했다. 한편 가열하는 동안에 석출된 '토'의 총량은 4.9그랑에 불과했으나 물의 증발

잔재를 합하면 20.4그람이 되며, 결합수와 증발조작 중에 더해진 것을 고려하면 페리칸의 감량과 일치한다고 봐도 좋다. 또한 유리용기 속에서 물을 가열할 때 석출되는 물질을 정성분석하고 그것이 유리용기에서 용출한 것임을 증명한 것은 거의 같은 시대에 스웨덴에서 활약한 셸레(C. W. Scheele, 1742~1786)였다. 이러한 사실은 라부아지에의 물리화학자적인 경향과 셸레의 실험자로서의 수완을 잘 대변하고 있다.

5. 연소의 본질

그 후 라부아지에의 관심은 연소 현상으로 기울어졌다. 인과 황이 연소하면 중량이 증가하는 것을 확인한 후, 밀폐한 용기 속에서 주석을 산화시키는 실험을 해서 1774년 11월 12일에 구두로 발표했다.[9] 이것은 질량 보존 법칙을 실험적으로 증명한 것이므로 교과서 등에도 자주 인용되고 있다. 〈그림 2-3〉은 그때 라부아지에가 사용한 레토르트를 그의 부인이 그린 것으로 나중에 설명할 그의 교과서에서 인용했다. 이 속에 금속을 넣고 목 끝을 램프로 가열하여 늘려 당기면서 C에서 밀봉한 것이다.

그러면 그의 실험 데이터의 한 보기를 소개하기로 하자. 안의 용적이 43입방푸스[10](약 850㎤), 무게 5온스 2그로 2.5그람(160.75g)인 유리로 만든 레토르트에 주석 8온스를 넣고, 파열 방지를 위해 팽창하는 공기를 방출시킨 다음 밀봉하여 무게를 측정했다. 13온스 1그로 68.87그람(405.20g)이었으므로 가열에 의해 방출된 공기의 무게는 5.6그람이었다.

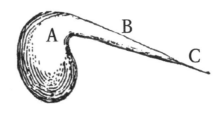

그림 2-3 | 레토르트

다음에 레토르트를 가열하여 주석의 일부를 검은 분말로 변화시켜, 개방하기 전에 무게를 달았더니 13온스 1그로 68.60그램(405.19g)이었다. 가열에 의해 무게가 0.27그램(약 0.014g)이 줄었으나, 이 차이는 0으로 간주해도 될 정도로 작다.

그러나 라부아지에는 질량이 보존되는 것을 실험으로 증명하고자 하는 의도가 전혀 없었다. 그는 공기의 일부가 가열에 의해 주석과 결합한 것에 주의를 집중하고 있었다. 오직 이 단계에서는 주석과 결합한 기체가 공기의 한 성분이라는 인식은 아직 없었던 것 같다. 1774년 10월, 영국의 성직자이며 과학자였던 프리스틀리(J. Priestley, 1733~1804)가 파리를 방문하여 자신이 발견한 새로운 기체에 대해서 라부아지에에게 이야기했다. 그 기체는 공기 중에 존재하며 수은과 결합하여 빨간 가루(수은재=산화수은, HgO)를 만들고, 이 빨간 가루를 가열하면 수은에서 분리하여 다시 회수할 수 있으나 그 과정에서 물체는 공기 중보다 훨씬 잘 탄다는 것이었다.

프리스틀리의 이야기는 라부아지에를 매우 놀라게 했다. 그는 그해

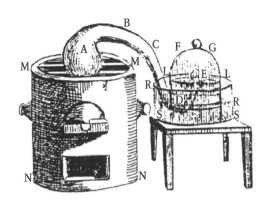

그림 2-4 | 수은재의 열분해

11월과 다음 해 2월 28일부터 3월 2일에 걸쳐서 프리스틀리의 실험을 하여 그 결과를 1775년 4월 26일에 아카데미에 보고했으나,[11] 그중에서 연소란 이 기체가 가연물질과 화합하는 현상이란 것을 확인하고, 고정 공기가 탄소와 이 기체와의 화합에 의해 생성되는 화합물이라고 추정했다. 〈그림 2-4〉는 역시 라부아지에 부인에 의해 그려졌다. 이때의 장치나 질량 보존 법칙의 검증에 사용되었다고 하는 일부 교과서의 기술(〈그림 1-4〉 참조)은 무엇인가 오해가 있는 듯하다.

　그러나 이 논문에서는 아직 플로지스톤[12]을 완전히 부정하지 않았다. 이 새로운 기체를 공기의 '매우 호흡에 적합한 성분'이라 부르고, 그것을 '산소'라고 명명한 것은 다시 2년 후의 일이다. 산소의 문제는 라부아지에의 연구에서 중요한 부분을 차지하지만 이 장의 주제에서 벗어나므로 이 이상은 언급하지 않기로 한다.

6. 질량 보존

이처럼 라부아지에는 질량이 보존되는 것은 당연한 이치이므로 굳이 실험으로 확인하거나 법칙으로 기술할 필요는 없는 것으로 여겼다. 그러나 그가 쓴 문장 중에서 질량 보존을 전혀 다루지 않았다는 것은 아니다.

1789년에 그는 『화학요론』[13]이라는 제목의 교과서를 출판했는데, 그 중에 알코올 발효를 다룬 장에서(141쪽) '모든 반응에서 반응 전후에는 같은 양의 물질이 존재하는 것을 전제해도 좋다'고 기술한다. 그리고 '모든 화학의 실험을 할 때는 이 원리에 기초하고 있다'라고 하고,

$$포도를 짠 즙 = 탄산 + 알코올$$

이라는 식을 부여하고 있는데 이 식이 세계 최초의 화학반응식이라 일컬어지고 있다. 그리고 이 식에서 탄산은 현재의 명칭으로 이산화탄소이다.

또 이 책(『화학요론』)의 516쪽에서 1774년의 실험을 다시 소개하고 '레토르트의 끝 C를 개봉하지 않는 한 용기와 그 내용물의 무게는 변화하지 않는다'라고 기술하고 있다. 라부아지에가 질량 보존의 사실을 언급한 것을 보면 그 어조는 담담하며, 중요한 법칙을 발견 혹은 검증했다고 여기는 투는 볼 수 없다.

결국 라부아지에 시대에는 질량 혹은 물질의 보존을 새삼스럽게 법칙으로서 서술하려는 사상은 없었으며 질량(물질)보존 법칙이라는 말이 나타난 것은 꽤 훗날의 일인 것처럼 여겨진다.

7. 정밀 실험에 의한 질량 보존의 검증

라부아지에가 이 책을 쓰고 나서 100년 정도 뒤에 질량 보존 법칙을 정밀한 실험에 의해 검증하려는 학자가 있었다. 독일의 란돌트(H. H. Landolt, 1831~1910)와 하이드바일러(A. Heydweiller) 등이다. 란돌트는 주로 〈그림 25〉와 같은 ∩형 반응관을 사용하여 여러 종류의 용액 반응을 일으켰다. 양쪽 다리에 각각 다른 용액을 넣은 다음, 각각의 입구를 녹여서 봉하고 양쪽의 용액을 혼합했다.

그의 실험은 1890년에 시작하여 1893년에 중간발표를 한 후에는 잠시 쉬었으나, 1901년에 당시 최신의 화학저울을 구할 수 있었으므로 실험을 재개했다. 전후 48번의 실험 중 23번은 중량이 증가하고 25번은 중량 감소를 볼 수 있었다. 그러나 반응시킨 물질의 양이 약 300g인 데 대해

그림 2-5 | ∩형관

차이는 0.03mg 이내이며, 화학반응에 관해서는 저울 정도의 범위 내에서 질량 보존 법칙이 엄밀하게 성립된다는 것을 확인했다.[14]

하이드바일러의 연구에서는 질량이 감소하는 경우가 많았으나 그 비는 $1/10^6$ 이하였다.[15]

미국의 정밀 실험가로서 유명한 몰리(E. W. Morley, 1838~1923)는 수소를 기준으로 산소의 원자량을 구할 목적으로, 1895년에 화합하는 수소와 산소의 중량과 합성된 물의 중량을 측정했는데,[16] 그 결과도 질량 보존 법칙과 일정 성분비 법칙의 검증에 이용할 수 있으므로 〈표 2-1〉에 기록해 둔다.

표 2-1 | 물의 합성(질량의 단위는 g)

수소	산소	양 원소의 합	물	증감	화합비
3.2645	25.9176	29.1821	29.1788	-0.0033	7.9392
3.2559	25.8531	29.1090	29.1052	-0.0038	7.9404
3.8193	30.3210	34.1403	34.1389	-0.0014	7.9389
3.8450	30.5294	34.3744	장치파손	장치파손	7.9400
3.8382	30.4700	34.3082	34.3151	+0.0069	7.9386
3.8523	30.5818	34.4341	34.4327	-0.0014	7.9386
3.8297	30.4013	34.2310	34.2284	-0.0026	7.9383
3.8286	30.3966	34.2252	34.2261	+0.0009	7.9394
3.8225	30.3497	34.1722	34.1742	+0.0020	7.9398
3.8220	30.3479	34.1699	34.1743	+0.0044	7.9403
3.7637	29.8865	33.6502	33.6540	+0.0038	7.9407
3.8211	30.3429	34.1640	34.1559	-0.0081	7.9409

이 실험에서 몰리는 기체의 부피를 측정하고 거기에 밀도를 곱하여 기체의 중량을 산출하고, 생성된 물은 오산화인에 흡수시켜 정량했다. 생성된 물의 양의 증감이 거의 같은 횟수로, 변동의 절대량도 거의 오차범위였다.

참고문헌과 주

1 Lucretius, *De rerum natura.* 일본어 역으로 口勝彦 역, 『牧の本性について』, 岩波文庫가 있다.

2 潘吉星 『化學史硏究』, 1986, p.13.

3 J. Black, *Essays and Observations, Physical and Literary. Read before a Society of Edinburgh and Published by them*, **2**, 157(1756).

4 Ostwalds Klassiker, **178**, *Physikalish-chemische Untersuchungen Lomonossows,* 1910, p.51.

5 Lavoisier, *Mém. Acad, Sci.,* **1770**, 73, 90; *Oeuvres de Lavoisier*, Ⅱ, 1, 11.

6 당시의 프랑스 중량 단위계는 1리브르(livre)=16온스, 1온스(once)=8그로, 1그로(gros)=72그랑이다. 미터법을 제정한 프랑스의 도량형위원회는 1799년에 kg을 18827.15그랑으로 결정했다. 따라서 1그랑(grain)=53.1148mg이다. 사족(蛇足)이나마 그랑은 라틴어 granum(낟알)에 유래하며, 원시적 무게의 단위가 곡물의 알갱이 무게에서 발생한 흔적으로, 여러 나라에 비슷한 단위가 있는데 시대에 따라 나라에 따라 혹은 같은 나라에서도 지방에 따라 약간씩 차이가 있다. 통상의 발달과 더불어 도량형을 통일할 필요가 절실해지면서 미터법 제정의 동기가 생겨났다. 여기서 사용되고 있는 것은 파리그랑이다.

7 레오뮈르는 특별 규격의 알코올 온도계를 제작하여 온도를 측정했다. 그의 온도계는 물의 어는점을 0°나, 1기압 하에서의 물의 끓는점은 보통 80°가 된다. 그러나 이때 라부아지에가 사용한 온도계는 물의 끓는점이 85°를 가리켰다고 적혀 있다.

8 '토(土)'는 당시의 화학 용어로서 보통 물에 불용성의 무기물질을 뜻하며 금속산화물이 많다.

9 Lavoisier, *Mém, Acad, Sci.,* **1774**, 351; *Oeuvres de Lavoisier,* Ⅱ, 105.

10 푸스(pouce)는 당시의 프랑스에서 길이의 단위로, 영국식 단위계인 인치에 해당한다. 1푸스=12리뉴(ligne). 후에 프랑스의 도량형위원회는 1m=443.296리뉴로 정했으며, 1푸스는 거의 2.707㎝와 같고, 1세제곱푸스는 19.84㎤와 거의 같다.

11 Lavoisier, *Mém. Acad. Sci.,* **1775**, 520; *Oeuvers de Lavoisier,* Ⅱ, 122. 이 논문의 전역과 해설이 玉史文ㅡ 편, 『原典による自然科學と步み』, 講談社(1974), p.265에 수록되어 있다.

12 플로지스톤(Phlogiston)은 그리스어의 형용사 플로지스톤(타기 쉽다)의 중성형을 물질명으로서 전용한 것으로 아리스토텔레스(B.C. 384~322)는 저서 『기상학』에서 '플로지스톤이란 불꽃을 일으킬 수 있는 물질이다'라고 정의하고 있다. '연소' 등으로 번역된다. 당시의 가장 유력한 연소 이론은 독일의 슈탈(1660~1734)이 제창한 설로서, 연소할 때는 타는 물질에서 플로지스톤이 방출된다고 보았다.

13 *Trailé Élémentaire de Chimie.* 전문 일본어 역이 출판되어 있다. 田中豊助·原

田紀子 공역, 『化學のはじめ』, 증보개정판, 内田老鶴圃(1979), 坂本賢三 편, 紫田和子 역, 라부아지에 『化學原論』, 朝日出版(1988).

14 Landolt, *Z. Physikal. Chem*, **12**, 1(1893); **55**, 589(1906); **64**, 581(1908). 일본어 역의 초록이 『東京化學會誌』, **14**(1893), p.141, **27**(1906), p.996, **29**(1908), p.183에 게재되어 있다.

15 Heydweiller, *Ann. Phys.,* (iv), **5**, 394(1901).

16 Morley, *Amer. Chem.* J., **17**, 267(1895).

3.

돌턴 신화의 형성:
화학 교과서에서 볼 수 있는 오해

이야마 히로유키(井山弘幸)

도쿄대학 이학부 화학과 졸업. 도쿄대학 이학계 대
학원 과학사, 과학기초론 박사과정 수료. 니가타대학
인문학부 강사, 이학석사. 전공은 과학사, 과학철학.

1. 화학 교과서에서의 역사 기술

시료의 정제나 실험의 정확도에 대해서는 유별나게 신경을 곤두세우는 화학자가 정작 역사적 사건을 설명해야 할 경우에 이르면 사람이 달라진 듯이 경솔하고 조잡하게 설명하는 경우가 있다.

다시 말해 화학사를 쓸 때는 실험실에서의 과학적 태도를 미련 없이 버리는 저자도 꽤 많다는 것이다. 그러한 태도의 소산 중에서도 교과서 같은 것은 그 영향력을 생각하면 커다란 문제성을 안고 있다고 할 수 있다. 이 장에서는 화학 교과서의 오인 중에서도 가장 뿌리 깊고 광범위하게 자주 보는 돌턴(J. Dalton, 1766~1844)의 원자설을 다루기로 한다.

역사 기술의 오류를 크게 나누면 두 종류가 있다. 첫째는 원전을 조사하고 쉽게 해결할 수 있는 오류로서, 과학자의 세계에서는 기초자료 수준의 잘못에 해당한다. 둘째는 역시 1차 자료를 대체로 검토해도 생길 수 있는 해석이나 해독상의 오해이다. 이 책의 앞부분에서 시마하라(島原健三) 씨가 바르게 설명했듯이 이러한 종류의 잘못된 기술의 태반은 배경 지식은 물론이고 논리적 감각을 나름대로 갖고 있는 사람의 눈에는 어쩐지 수상쩍은 인상을 풍기게 한다. 그러한 것의 대부분은 소박하고 거친 방법론(특히 귀납론)을 전개로 하고 있기 때문이다.

지금부터 전개하고자 하는 역사 기술 비판은 화학 교과서의 교육적 가치를 불필요한 것으로 몰기 위한 것은 아니다. 이 장에서 검토할 문제로 삼은 교과서의 대부분은 훌륭한 내용이며, 그 내용 때문에 몇 번이고 판을 거듭한 대표적인 교과서들이다. 그러므로 달리 생각하면 그러한 교과

그림 3-1 | J. 돌턴(1766~1844)
후세에 교과서에서 자신의 일이 어떻게 전해졌는지 알 수 없다.

서의 극히 일부에서 볼 수 있는 사소한 잘못을 제거한다는 것은 교과서의 효용을 한층 더 높이는 것과도 일맥상통한다.

　지금부터 지적하는 잘못된 것의 대부분은 화학사 연구의 전문 서적을 펼쳐 보면 쉽게 해결될 수 있는 것도 많을 것이다. 그러나 그중에는 전문 연구의 기술 속에서조차 인정하는 앞지른 해석이나 편견이 포함된 것도 의외로 많다. 이러한 사정으로 화학사를 전문적으로 연구하고 칼자루를 잡은 입장에서가 아니라, 필요한 사실상의 의견을 피력하면서 여러분과 함께 어떤 기술이 바른 것인가를 생각해 보고자 한다.

2. 사실의 오인

2.1 원자론 3원칙의 제창

「돌턴은 모든 물질은 더 이상 나눌 수 없는 원자로 이루어졌다
는 것, 원소에서 그 원자는 질량 그리고 기타의 성질이 모두 같다
는 것, 그에 반해 다른 원소의 원자는 그 질량이 다르다는 것으로
결론지었다.」: 〈자료 a〉 p.21

처음에 예시하는 이 부분은 좀처럼 알아채기 어려운 오류의 하나이다.
말미의 '결론지었다' 대신 '제안했다'〈자료 f〉 p.3, '제창했다'라는 표현을
쓴 것도 꽤 있으나, 어느 것을 적용하든 중요한 차이가 있는 것에는 다를
바 없다. 돌턴이 쓴 논문이나 저서에서 내용상 관계가 깊은 것은 1805년
에 인쇄 발표한 기체의 용해도에 관한 논문[1]과 1808년 공간(公刊)한 그의
주요저서[2]이다. 그렇지만 어느 것에도 앞서의 3원칙이 배열되어 쓰여 있
거나, 돌턴이 그러한 명제를 결론짓거나, 제안하고 있는 부분을 볼 수 없
다. 좀 더 명확하게 말하면 돌턴은 앞서의 3원칙을 주제로 한 논문을 평생
한 번도 쓰지 않았던 것이다. 그렇지만 원자론 3원칙을 돌턴이 믿었던 것
은 사실이다. 그렇다고 별로 틀린 것이 없다고 속단하기에 앞서, 좀 더 생
각해 보도록 하자. 이 3원칙의 정당성은 과연 어디에 있을까. 돌턴 자신
이 이러한 명제를 경험적으로 입증한 것이라면 대부분의 교과서 기술은
크게 틀리지 않은 셈이다. 그러나 당시의 상황에서 많은 화학자가 이러한
명제를 증명할 수 있다고 생각하지 않는다. 그러니 증명할 수 없는 가설

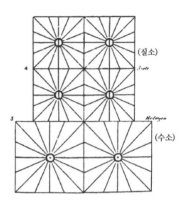

(질소)

(수소)

그림 3-2 | 돌턴의 주요 저서 『New System』(1808)에 제시된 기체의 모델. 위의 4개의 질소 원자는 서로 반발이 미침. 그러나 밑의 수소 원자에 대해서는 반발이 미치지 않는다(반발을 나타내는 방사선이 서로 물려 있지 않은 데 주의)

을 세우는 돌턴에 대해 강력한 비판이 있을 정도였다. 돌턴은 비록 직접 입증할 수 없는 가설이라 할지라도, 그것으로 유도될 장래성과 가능성을 중시하여 화학 연구의 출발점인 3원칙을 분명한 태도로서 제시했다. 다시 말해서 원자론은 그의 사고의 도달점이 아니라 개시점이었다는 점을 명백히 서술상에 밝혀야 했던 것이다.

약간 보충한다면 원자의 특성은 전통적인 '연장(공간을 점유한 모양)'에서 구하는 경우가 많았다. 산의 원자에는 가시가 있다고 한 레메리(N. Lémery, 1645~1715)도 그 전통적 원자론의 흐름에 자리 잡고 있다. 원자의 무게 차이가 화학 특성의 다양성의 원인이 아닐까 하고 생각한 돌턴은 그런 뜻의 전통에서 이탈했다는 것을 미리 말해 두고자 한다.

그렇다 하더라도, 이것은 경험적 발견은 아닐 것이다.

2.2 부분 압력의 법칙 발견

「돌턴의 분압 법칙에 의하면 '혼합기체에서 각각의 기체 분자는 그것이 단독으로 존재할 경우에 나타낼 수 있는 압력과 동일한 압력을 미치며, 전압력은 혼합물 중의 각 성분기체에 의해 나타나는 부분 압력의 총합이다.'」: 〈자료 g〉 p.270

이 보기에서는 명확하게 발견했다고 적혀 있지 않으나, 마치 돌턴이 실험을 해서 발견한 것 같은 투로 쓰여 있다. 이 법칙(돌턴은 법칙의 이름으로 부르지 않았다)의 발견을 공표한 것처럼 받아들인 그의 논문은 기체의 확산 속도에 대해 쓴 것이다.

돌턴은 기체의 미세구조를 정적으로 생각했다. 즉, 산소기체의 입자는 돌턴의 사고 속에서는 공중에 정지하고 있었다. 이 정지를 가능하게 한 것은 같은 종류의 입자 간에 작용하는 반발력이다. 화합이 생길 때는 다른 종류의 입자 간에 인력(화학 친화력)이 작용하므로, 혼합(기체의 상호 확산도 포함된다) 시에는 다른 종류의 원자는 서로 아무런 힘도 미치지 못한다고 돌턴은 가정했다. 대체로 과거의 화학자가 가정한 내용이 경험적으로 증명되지 않은 채로 법칙이란 이름으로 부를 필연성이 있는 것일까. 이 점에 대해서는 뒤에 언급하기로 하자. 돌턴은 인용문의 내용을 전제하는 데 불과한 것이다.

부분 압력 법칙은 현 단계의 화학 지식상의 경험으로도 증명하기 어렵다는 것을 추가해야 할 것이다. 예컨대 압력 P(즉 전압 P)의 산소와 질소의 혼합기체가 있다고 하자. 피로갈롤(Pyrogallol)이나 산화질소 등을 사용하여 이 혼합기체에서 산소를 완전히 제거했다고 하자.

본래와 같은 조건에서 질소의 압력을 측정하니 P_N이었고 다시 제거된 산소를 정량하여, 혼합 시의 상태에서의 압력을 역산(상태방정식은 바르다고 하고)하니 P_O였다고 한다. 이때, $P=P_N+P_O$라는 것이 확인된다면, 언뜻 보아 분압의 법칙이 경험적으로 증명된 것 같이 보이나, 실은 그렇지 않다. 분리조작에 대한 분압에 변화가 없다는 것이 이 계산에서 전제되는데, 그 전제가 바로 분압의 법칙이기 때문이다. 즉, 논점을 미리 잡은 것이 되는 것이다.

2.3 원자론의 수용

「그는(=돌턴) 그림과 기호를 사용했고, 그 당시의 화학자 모두가 원자의 개념을 실제로 사용하여 가설로서 제창했던 것이다. 돌턴의 책은 여러 사람의 주목을 받고, 원자론을 수용할 수 있는 기초를 이루었다.」: 〈자료집 h〉 p.17

이번에는 오류라기보다 은폐이다. 알고도 그랬는지 몰라서 그랬는지, 중요한 점이 문장에서 누락되어 있다. '돌턴의 저서에 쓰인 원자량 계산 방법은 유럽의 대표적인 화학자로부터 심한 비난을 받았고, 반세기에 걸친 반원자론의 풍조를 이루는 동기가 되었다. 그는 원자량 계산을 가능하게 하는 원자론의 기초를 밝혔으나 채택되지 않은 채 이해될 때까지 긴 세월을 소비했다'라고도 썼다면 실정과 비슷하지만, 이러한 학설 전파가 느리다는 것이 화학계의 오점이라고 생각했기 때문일까. 이러한 반돌턴의 기세 속에서도 '당량'이라는 용어가 만들어진 것을 잊어서는 안 된다. 울러스턴(W. H. Wollaston, 1766~1828)은 1814년의 논문[3]에서 원자론은 공론이므로 원자량 대신에 당량이라는 실증적인 화학량을 사용해야 한다고 기술한 것이, 아직도 원자량과 병행하여 사용되는 당량 개념 탄생의 배경인 것이다.

2.4 단순성의 원리

「돌턴은 또한 원자가 결합하여 화합물을 만들 때, 원자수의 비는 정수이고, 어떤 원자의 조에 대해서 여러 개의 간단한 비가 가능하다는 것도 **깨달았다**.」: 〈자료 b〉 p.79

이것은 사실일까. 그가 시초에 유기 천연화합물 등을 다루지 않았다면 이러한 행운을 맞이할 수 있었을까. 그렇지 않다. 실정은 이러하다. 돌턴은 원자량을 계산하기 위해서는 화합물 중의 원자수의 비(결합비라 한다)를 알아야 한다는 것을 인식했다. 그러나 그 결합비를 어떻게 알 수 있을까. 화합물의 중량 조성과 구성 원소의 원자량을 알고 있으면 결합비를 추정할 수 있다는 것은 분명하다. 다시 말하면 돌턴이 제안한 방정식 중에는 미지의 값이 2개 있었다. 그러므로 그는 심한 고생 끝에 장래의 화학 발전을 기대하면서 결합비를 잠정적으로 정하고(다른 이유가 없으면 기본적으로 간단한 정수비를 우선한다는 것) 수시로 개량할 방침을 수립했다. 근교의 늪에서 기체를 수집하던 돌턴이 최초로 부탄가스를 발견했다면, 그는 그 기체의 화학식을 CH(현재는 C_4H_{10})로 했을 것이다. 화학식이 간단한 것은 돌턴이 발견하거나 감지한 것이 아니라, 요청하거나 가정한 것이다. 돌턴은 '대자연의 근원에는 단순성이 숨겨져 있는 것을 직감하고 본능적으로 믿었던 것 같다'[〈자료 e〉 p.5 또는〈자료 c〉 p.18에도 비슷한 기술이 있음]라고 이야기하는 것은 같은 종류의 오류일 것이다.

2.5 배수 비례 법칙의 발견

「이 법칙은 J. 돌턴에 의해 원자설과 동시(1802)에 발표되었다.」
『이화학사전』 I 서점, '배수 비례 법칙' 항목[인명은 필자가 음역
함. 또한 〈자료 g〉 p.136와 비슷한 내용이 있음].

어느 교과서를 봐도 거의 전부라 할 정도로 나타나는 기술이다. 앞에서 인용한 사전의 예만이 아니라 화학 사전 문서에서도 흔히 볼 수 있다. 이러한 뿌리 깊은 오해는 역사적으로 매우 오래된 것이다. 이러한 기술이 관습화된 원인은 19세기 전반의 과학관에 있는데, 그 점은 3절에서 설명할 것이다.

돌턴이 1802년에 공표한 논문은 「대기를 구성하는 몇 종의 기체 즉 탄성유체의 비율의 실험적 연구」라는 제목으로 구두 발표한 것(인쇄 발표는 1805년 11월)인데, 이 논문의 어디에도 '배수 비례 법칙'이라는 말은 찾

을 수 없다. 예컨대, 그가 이 법칙을 발견했다면 왜 그 발견을 발표하지 않았을까. 답은 명료하다. 그가 발견한 것이 아니기 때문이다. 그렇다면 진정한 발견자는 왜 이름을 밝히지 않았을까. 그 이유는 매우 흥미롭다. 배수 비례 법칙이라는 말이 문헌사상 처음으로 출현한 것은 앞에서 언급한 울러스턴의 1814년의 논문에서이다.

'사실상 초공기(硝空氣, 일산화질소)이다. 산소와의 결합에서 정수의 배수 비례의 실례를 최초로 돌턴이 관찰했으므로 우리는 그의 덕을 보고 있다'라고 그 논문에 쓰여 있다. 그러나 주의를 기울여 읽어 보기 바란다. 실례를 관찰하는 것과 법칙을 발견하는 것과는 큰 차이가 있다. 그러나 울러스턴은 오직 하나의 실례를 관찰한 돌턴이 아마도 이미 그 법칙을 발견했을 거라고 생각했다. 실제는 울러스턴 자신이야말로 발견자인데 당사자가 지레짐작했기 때문에 진상은 좀처럼 밝혀질 수 없었다.[4]

울러스턴이 오해한 원인 중의 하나는 원자론 3원칙과 이 법칙과의 논리적 관계이다. 즉, 3원칙을 가정하면 그 법칙을 연역할 수 있으나 반대로 그 법칙에서 다시 일반적인 원자론 가설이 귀납된 것으로 그는 믿고 있었다. 순서상으로 보아 배수 비례 법칙을 발견하지 않은 동안에는 원자론에 도달할 수 없다고 당시의 이름 있는 화학자들은 예상했다. 한편 돌턴은 경험에 앞선 사고를 거쳐 원자 가설을 가정했다. 이러한 엇갈림이 후세에 심각한 오해를 초래하게 된 것이다. 1812에 영국을 방문한 실험화학의 대가인 스웨덴의 베르셀리우스(J. J. Berzelius, 1778~1848)는 돌턴과 이때 서신 교환을 하고 있었다. 그중에서 돌턴은 배수 비례(Multiple

Proportion)라는 말을 잘못하여 일정 성분비(Definite Proportion)라고 써서, 답신 속에서 베르셀리우스가 그것을 정정한 부분이 있다. 이러한 사실을 봐도 돌턴은 발견자가 아닌 것이다.

3. 방법론적 오류

「이 '일정 성분비 법칙'이나 이것과 관련된 사실을 찾고 있던 중에 존 돌턴은 원자론을 제창하기에 이르렀다.」: 〈자료 h〉 p.119

「원자설은 시초에 정조성(=일정 성분비)의 법칙에서 유도된 것이기 때문이다.」: 〈자료 b〉 p.118

「1808년, 근대 화학의 시조 돌턴은 배수 비례 법칙을 설명하기 위해서 실험적 조작을 기초로 한 원자설을 제창했다.」: 〈자료 e〉 p.3

이러한 기술의 근원에 깔려 있는 사고는 화학 교과서에서 어떠한 일이 있어도 배제해야 한다고 생각한다. 분명히 이러한 잘못을 실질적인 오류로 처리하는 것은 당연하나, 그러한 것들이 생기기까지 그 배경을 고려하면 단순한 문제로 해결될 것 같지 않다. 이 책의 1장에서 시마하라 씨가 인용하고 있는 '제법칙 간의 인과관계의 설명도'는 가장 단적인 이런 사유가 얼마나 뿌리 깊은가를 나타내고 있다.

앞에서 소개한 기사 전체에 대해 공통적으로 지적할 수 있는 것은 하나의 학설이 탄생할 때의 과정이나 절차까지도 언급하고 있다는 점이다. 그리고 세부사항은 표현상에 차이가 있다 해도 이들 교과서에서 가정하는 과학 이론의 탄생 절차는 대체로 같다. 몇백 몇천이나 되는 교과서가 꽤나 오래된 과학관을 근거로 쓰인 것 자체도 경악을 금할 수 없는 일이지만, 교과서의 거의 대부분이 동일한 과학 방법론에 준거한다는 사실도 믿기 어려운 일이다. 역사 기술의 방법론적 오류의 근원이 되는 사고는 다음의 과학 발전 법칙으로 요약할 수 있다. 영국의 데이비(H. Davy, 1778~1829)의 말이다.

「화학의 목적은 이러한 종류(상태변화)의 현상의 원인을 규명하고 그것들을 지배하는 법칙을 발견하는 데 있다. 여러 학문 중에서 이 화학이라는 분야의 목적은 자연물질의 새로운 사용을 연구하여 여러 부분에 제공하고, 지구계에 조물주가 부여한 지적 설계의 질서, 조화를 입증하는 것이다……. 화학의 기초는 관찰·실험·유추이다. 관찰에 의해 사실은 명석하고도 섬세한 정신에 각인되고, 유추에 의해 유사한 사실이 관련지어진다. 그리고 실험에 의해 새로운 사실이 (더욱) 발견되는 것이다. 화학 지식의 향상 중에서 관찰은 유추에 의해 유도되어 실험에 이르며, 실험에 의해 확증된 유추는 과학적 진리가 되는 것이다.」[5]

19세기 초반에서 이 데이비의 발언까지의 이야기를 소급한 이유는 화학 교과서에서 보게 되는 계통적 오류의 원천이 어쩐지 이 시대의 화학자들이 품고 있던 과학관에 있는 것 같기 때문이다. 이러한 과학 방법론을 좀 더 알기 쉽게 바꾸어 쓰면 이렇게 된다. 어쨌든 냉정하게 관찰하시오. 유추하여 그것에서 법칙을 찾으시오. 다음은 그 법칙을 확인하는 실험을 생각해 보시오.라고 데이비는 말하지 않았으나 다음 단계를 여러 법칙으로 통괄해서 일반 이론을 탐구하는 것은 당연하다. 따라서 화학자의 일은 관찰→법칙→이론이라는 순서로 진행하는 것이 마땅하다는 발상이 지배적이기 쉽다. 19세기 이후에 분명히 과학은 진보했으나 화학자가 간직한 방법론은 별로 진보한 것 같지 않다. 따라서 이 방법론이 20세기의 과학 철학계에서 철저하게 비판되었다는 점도 부언하기로 하자.

이야기를 돌턴으로 되돌려보자. 앞에서 적은 귀납주의 과학관을 믿는다면 그는 원자론 3원칙에 요약되어 있는 일반 이론에 이르기 전에 다른 법칙을 발견해야만 했다. 그 법칙으로서 뽑힌 것이 일정 성분비 법칙과 배수 비례 법칙이다. 이론을 아프리오리(a priori) 하는 것을 금하고, 항상 경험적 증거의 발견이 선행할 것을 요구하는 발상이 기초가 되어야만 비로소 이 절에 기재한 것 같은 기술이 생긴다고 할 수 있다.

그러면 문제의 진상은 어떠한가. 돌턴이 원자론을 제창한 것은 그로 하여금 그 이론의 장래성을 예측해서 출발점으로써 가정했기 때문이며, 그 가설까지 이르는 과정은 신이 천재에게 내려준 영감에 의한 것은 결코 아니다. 물질세계의 존재 양식에 대해 앞에서 언급한 원자론 3원칙 같은 형이상학은 그처럼 여러 종류가 있는 것도 아니다. 기본적인 부분은 몇조의 발상법이 있는데도 불구하고, 돌턴 시대의 과학자들은 이러한 자연 세계의 성립에 관한 가설의 여러 가지를 쉽게 상상할 수 있다. 지식의 힘이 요구되는 것은 그중에서 하나의 입장(돌턴 원자론도 그 입장 중의 하나에 불과하다)을 선택하는 것보다 오히려 선택한 다음에 그 입장을 어떻게 전개하는가, 경험적 사실과 어떻게 절충시키는가 하는 점을 고찰해야 된다. 그렇게 본다면, 돌턴이 이룩한 업적을 다룰 때 방법론으로 보아도 결함이 없는 기술은 결국 다음과 같이 되지 않을까.

'돌턴은 원자론 3원칙을 분명히 가설로서 연구했으나, 주위의 화학자는 가설의 사용을 경시하여 멀리하려는 입장을 취했으므로, 돌턴의 원자론에서 유도하거나 경험적으로 즉 실험이나 관찰에 의해 확인될 수 있는 방법, 다시 말해 일정 성분비 법칙과 배수 비례 법칙만을 바른 것으로 인식했다. 돌턴 원자론의 후년의 성공을 함께 고려한다면 가설 사용을 금하는 태도는 때로는 과학의 발전을 저해하는 족쇄의 역할을 하는 것 같다'

참고문헌과 주

글 중에서 약호로 나타낸 문헌명은 다음과 같다.

〈자료 a〉=『CBA 化學』서점, 〈자료 b〉=C저 『新ケムス化學』M출판, 〈자료 c〉=
『現代化學讀本』N사, 〈자료 d〉=『化學の基礎』S사, 〈자료 e〉=『化學の基礎異論』
G사, 〈자료 f〉=M저 『大學の化學 I』H서점, 〈자료 g〉=P저 『一般化學』(상) I 서점,
〈자료 h〉=P저 『新ケムス化學』M사.

1 J. Dalton, *Phil. Mag.,* **24**, 15(1805)

2 J. Dalton, *A New System of Chemical Philosophy*(Vol. 1, Part 1, 1808.
1)의 문헌과 함께 다음 역서에 일본어 역이 수록되어 있다. 村上 편, 井山 역,
『Dalton』, 朝日출판(1988).

3 W. H. Wollaston, *Phil. Trans.,* **104**, 1(1814).

4 졸론 「JohnDaltonと倍數比例の法則」;『化學史硏究』, 17호(1981), p.24 참조.

5 H. Davy, *Elements of Chemical Philosophy,* **1812**, p.3.

4.

'일정 성분비의 법칙' 논쟁:
승자는 베르톨레인가 프루스트인가

후지이 기요히사(蘇井清久)

도쿄공업대학 대학원 화학과 석사 과정 수료. 도쿄
공업대학 조수(공학부 교육방법 연구실). 이학석
사. 전공은 과학사, 과학교육.

1. 여는 말

이 책의 취지에 따라 화합물의 조성비를 둘러싼 '베르톨레-프루스트 논쟁'에 대해서 주변에 있는 고등학교 교과서와 고등학생용 독본의 내용을 인용하는 것으로부터 시작하고자 한다.

(1) 라부아지에가 발견한 질량 보존 법칙이나 프루스트가 발견한 일정 성분비 법칙은 물질의 변화와 질량에 관한 법칙이며, 돌턴은 이것을 원자설로 설명했다: 『理科 I』 교과서 J사.

(2) 어떤 화합물을 구성하고 있는 원소의 질량비는 항상 일정하다. 이것을 일정 성분비 법칙이라 한다. 이 법칙은 1799년에 프랑스의 프루스트에 의해 발견되었다: 『理科 I』 교과서 S사.

(3) 베르톨레와 프루스트의 논쟁은 1799년에 시작되어 몇 년간 계속되었으나, 보다 정확한 데이터를 계속 제출한 프루스트의 승리로 끝났다: T 저 『高校生向き讀本』 I사

(1), (2)에서는 프루스트(J. L. Proust, 1754~1826)가 일정 성분비 법칙의 발견자인 것을 (3)에서는 '논쟁'에서 '결국'(즉 수년간 계속된 논쟁 끝에), 프루스트가 승리자라고 서술한다. 이러한 종류의 기술은 현대의 상식으로 볼 수 있지만, 여기에는 아무런 문제가 없는 것인지, 이 점을 설명하는 것이 이 장의 목적이다.

2. 일정 성분비 법칙은 어떻게 성립했는가

2.1 18세기의 친화력 이론

친화력 개념이 싹트기 시작한 것은 이미 고대 그리스 철학 속에 있다고 여겨진다. 13세기에 있어 독일의 스콜라 철학자 마그누스(A. Magnus, 1200~1280)는 화합물질의 친화력을 논했다. 그 이후 18세기 초엽에 뉴턴(I. Newton, 1642~1727)은 라틴어판 『광학』(1705)의 '의문 31'에서 질산 용액 중에서 금속의 선택적 인력을 논했다. 1718년에 파리의 약제사 게오프로이(E. F. Geoffroy, 1672~1731)는 여러 물질 간의 친화력의 서열을 '친화력표'로 발표했다. 게오프로이 이후 가장 주목할 것은 1775년에 스웨덴의 화학자 베리만(T. O. Bergman, 1735~1784)이 『선택적 인력의 연구』(1775)에서 발표한 친화력 이론이었다.

베리만은 50종류의 물질 각각에 대응하는 물질의 친화력에 대해 게오프로이의 표와 같은 '친화력표' 〈그림 4-1〉을 작성했다. 베리만은 5종류의 단거리력(친화력)에 대해 언급하고, 화학반응에 있어서는 이 속의 '단선택 인력'과 '복선택 인력'이 작용한다고 했다.

그러나 베리만의 저작 중에서 가장 중요한 부분은 의심할 바 없이 '단선택 인력'에 관한 것이었다. '단선택 인력'에 대해서 베리만은 다음과 같이 말했다. 즉, '물질 A에 다른 종의 실체 a, b, c 등을 작용시킬 경우, 예컨대 A에 c를 "포화"에 이르기까지 가했다(생성물은 Ac이다). 다시 여기에 b를 가했을 경우, c가 떨어지고 Ab가 생성된다면 A는 c보다 b를 강하게 끌어당기거나 b는 c에 대해서 보다 강한 선택적 인력을 A에 대해 나

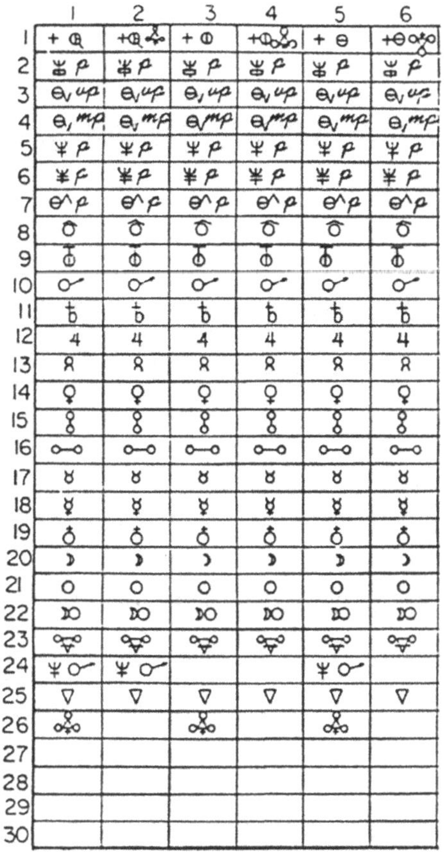

그림 4-1 | 베리만의 '친화력표'(일부)

타낸다'라는 것이다. 베리만의 말을 현대적인 기호로 나타내면 A+c=Ac, Ac+b=Ab+c같이 된다. 이러한 조작을 순서대로 반복하여 베리만은 A에 대한 a, b, c 등의 친화력의 서열을 결정했다. 그러나 게오프로이의 '친화력표' 이래, 이러한 친화력의 서열이 영원히 일정한가의 여부가 화학자 사이에서 의문시되었다. 베리만은 친화력의 서열이 원칙적으로는 일정하다고 믿었으나, 열·용해도 등의 조건에 따라서는 서열이 변화한다는 사실도 인정했다. 친화력의 서열이 특정 조건 하에서 변화하는 것은 인정하지만, 2종의 물질(가령 A와 c)이 화합할 경우, 양자는 어느 일정량에서 서로 친화력의 포화가 합쳐(결과로서 Ac가 생성된다) 즉 반응물질 간의 친화력은 일정한 강도가 있다는 것을 전제한 것으로 여겨진다(화학사가인 파팅톤은 베리만이 정량분석에서 일정 성분비 법칙을 전제로 한다고 기술했다. 이는 뒤에서 다시 설명할 것이다).

2.2 '포화'의 개념

앞에서 베리만이 사용한 '포화'의 개념은 처음에는 주로 산·염기의 중화반응에서 사용되었다. 즉 중화반응에서 산과 염기가 서로 친화력을 포화해 중량비로 화합하여 중성 화합물을 생성한다. 그러나 이 포화 개념은 다시 일반화되어, 화학반응에서 반응물질은 서로 친화력에 의해 일정량과 화합하며 친화력이 충족되는 화합물을 형성한다는 것을 뜻한다.

화학사가인 마우스콥프(S. Mauskopf)는 이러한 견해를 채용한 화학자의 예로서 영국의 화학자 도시(R. Dossie, 1717~1777), 토머스 톰슨(T. Thomson, 1773~1852)을 그리고 프랑스의 화학자 베넬(G. F. Venel, 1723~1775), 드 모르보(G. de Morveau, 1737~1816)를 들고 있다.[1] 예를 들면 도시는 1759년에 다음과 같이 썼다.

1	＋Ｑ	acidum vitrioli, vitriolicum	(H_2SO_4)
2	＋Ｑ ✤	acidum vitrioli phlogisticatum	(H_2SO_3)
3	＋Ｏ	acidum nitri, nitrosum	(HNO_3)
4	＋Ｏ ✤	acidum nitri phlogisticatum	(HNO_2)
5	＋Ｏ	acidum salis, marinum	(HCl)
6	＋Ｏ ♀	acidum salis dephlogisticatum	$(HClO)$
7	℞	aqua regis, aqua regia	
8	＋𝒯	acidum fluoris mineralis	(HF)
9	O┼O	acidum arsenici	(H_3AsO_4)
10	＋⬠	acidum boracis, sedativum	(H_3BO_3)
11	＋◉	acidum sacchari	
12	＋▽	acidum tartari (tartaric acid)	
13	＋✦	acidum acetosellae (oxalic acid)	
14	＋C	acidum citri (citric acid)	
15	⁂	acetum destillatum (acetic acid)	

그림 4-2 | 베리만이 사용한 원소기호(일부)

「서로 대응하는 양에 대부분 견고하게 결합하는 물질의 경우, 고유한 인력은 물질마다 몇 가지의 비율로 한정되어 있다. 그 이유는 몇 종류의 물질에서 물질 상호가 특정한 화합비로 결합한다면 그 화합물은 중성이기 때문이다. 즉, 어느 쪽의 구성요소의 양은 더 이상 관계가 없기 때문이다. 마찬가지로 화합물을 형성한 구성요소의 고유 인력은 마치 완전히 소멸한 것처럼 된다.[2]」

다시 말해서 작용물질은 서로 고유한 포화량 즉 화합량을 가지며, 이 양만 결합한다는 것을 도시는 시사했다.

역시 화학사가인 파팅톤(J. R. Partington, 1886~1965)은 화합물의 조성

비가 일정하다는 전제는 18세기 후반에 정량분석의 기본으로서 베리만,
독일의 화학자 벤첼(K. F. Wentzel, 1740~1793)이나 리히터(I. B. Richter,
1762~1809), 아일랜드의 화학자 커완(R. Kirwan, 1733~1793)에 의해 인정
되었다는 사실을 지적하고 있다.[3] 예를 들면 리히터는 1792년에 '만일 중
성 화합물이 2종의 원소로서 구성된다면 두 가지 예가 있는데 양 원소가
같은 상태에 있는 경우, 첫째의 예에서의 양 원소의 비는 둘째의 예에서
의 비와 동일하다'[4]라고 말했다. 도시의 언명이나 리히터의 말은 일정 성
분비의 원리가 분명히 프루스트 이전의 화학자들 사이에서 일반적으로
사용되었다는 것을 나타낸다.

부연 설명을 하자면 '포화'라는 개념은 중화반응이나 일반적 결합에
사용될 뿐만 아니라, 현대의 용법과 동일하게 용매에 대한 용질의 용해의
경우에도 사용된다. 현대인은 같은 개념이 매우 다른 경우에 사용된 것
같은 생각이 들지만, 실은 18세기에 이러한 것은 이상할 것이 없었다. 왜
냐하면 이 시대에 용해현상이라는 것은 용매와 용질의 친화력에 의한 화
학결합의 결과로써 간주하기 때문이다. 즉 용매는 일정의 화합물이었다.
이것은 베르톨레가 프루스트와의 논쟁에서 특히 주장한 점이었다.

3. 베르톨레의 친화력 이론

화합물의 조성비에 관한 '베르톨레-프루스트 논쟁'의 상세한 내용은
이미 언급한 바 있으므로, 그것[5]을 참조하기 바란다. 여기에서는 베르톨

그림 4-3 | C. L. 베르톨레(1748~1822)

레의 이론적 내용을 밝히고자 한다. 왜냐하면 프루스트가 화합물의 정화
합비(定化合比)를 주장한 데 반해, 베르톨레는 부정화합비를 주장하고 그
결과 그의 이론이 패배한 것으로 일반적으로 인식하기 때문이다. 여기에
서 이러한 시각은 너무나도 단순하다는 것을 보여 주고 싶다.

베르톨레(C. L. Berthollet, 1748~1822)는 그의 친화력 이론이 베리만의
'선택적 친화력' 개념에 대한 비판에서 출판하고 있다는 것을, 1801년에
출판한 『친화력의 법칙에 대한 연구』에서 언급했다. 베르톨레가 베리만
의 이론에 의문을 갖기 시작한 계기는 그가 나폴레옹(Napoléon)의 이집트
원정에 동행한 데 있다. 베르톨레는 이집트의 나트론호 주변에 탄산나트
륨이 다량으로 존재하는 데 주목했다. 그는 탄산나트륨의 생성은 이집트
의 토양 속에 존재하는 보통의 염(염화나트륨)과 가까이에 있는 리리아산의
석회석(탄산칼슘을 주성분으로 하는 퇴적암)과의 반응 결과라고 추측했다. 염

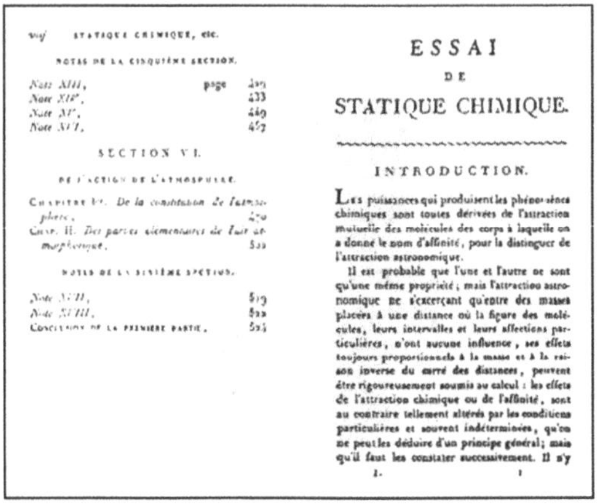

STATIQUE CHIMIQUE, etc.

NOTES DE LA CINQUIÈME SECTION.

Note XIII, page
Note XIV, 433
Note XV, 449
Note XVI, 457

SECTION VI.

DE L'ACTION DE L'ATMOSPHÈRE.

CHAPITRE Ier. De la constitution de l'atmosphère, 470
CHAP. II. Des parties élémentaires de l'air atmosphérique,

NOTES DE LA SIXIÈME SECTION.

Note XVII, 519
Note XVIII, 522
CONCLUSION DE LA PREMIÈRE PARTIE,

ESSAI
DE
STATIQUE CHIMIQUE.

INTRODUCTION.

Les puissances qui produisent les phénomènes chimiques sont toutes dérivées de l'attraction mutuelle des molécules des corps à laquelle on a donné le nom d'affinité, pour la distinguer de l'attraction astronomique.

Il est probable que l'une et l'autre ne sont qu'une même propriété; mais l'attraction astronomique ne s'exerçant qu'entre des masses placées à une distance où la figure des molécules, leurs intervalles et leurs affections particulières, n'ont aucune influence, ses effets toujours proportionnels à la masse et à la raison inverse du carré des distances, peuvent être rigoureusement soumis au calcul : les effets de l'attraction chimique ou de l'affinité, sont au contraire tellement altérés par les conditions particulières et souvent indéterminées, qu'on ne peut les déduire d'un principe général; mais qu'il faut les constater successivement. Il y

1. 1

그림 4-4 | 베르톨레 『화학정력학론』(1803), p.1

과 석회석은 보통 조건 하에서는 반응하지 않으나 이집트의 고온과 대량의 석회석으로 두 물질이 복분해를 한 결과, 탄산나트륨과 염화칼슘이 생성된 것으로 생각했다. 그에게 있어서 이러한 현상은 열, 농도, 반응물질의 양 등이 화학반응에서 친화력의 성질과 방향에 중요한 영향을 미친다는 사실을 시사했다. 베르톨레는 자신의 연구 개요를 『친화력의 법칙에 대한 연구』(1801)에서 피력하고 1803년의 『화학정력학론(化學靜力學論)』에서 포괄적으로 발전시켰다.

베르톨레의 비판은 베리만 이후의 화학자가 선택적 인력을 일정한 힘으로 간주하고, 다양한 물질에 대한 상대적 선택적 친화력을 수치로 부여하는 것에만 노력하는 점에 있었다. 베르톨레가 제시하고자 한 것은 선택적 친화력이 일정한 힘으로서 작용하고, 그 결과 어떤 물질이 화합물에서

그림 4-5 | J. L. 프루스트(1754~1826)

완전히 방출된다(즉 A+BC=AB+C)는 것이 아니고, 어떤 물질 A가 화합물 BC에 대해 작용하는 경우에 C는 A와 B와의 친화력에 비례하여 분할될 뿐만 아니라, A와 B의 양 즉, 양자의 '작용량'에 비례하여 분할되고, A와 B는 결합한다(즉 A+BC=AC+BC)는 것이었다.

화학적 작용(화학변화의 양)이 친화력뿐만 아니라 반응물질의 양에 의해서도 결정된다는 결론에서, 2개의 반응물질이 생성하는 화합물의 조성비는 반응물질의 양에 따라 다양하게 변화한다. 즉 베르톨레가 가변적 화합비(부정화합비)를 주장한 것은 그의 친화력 이론의 필연적인 결과이다. 물론, 부정화합비라고 해서 화합비가 무한하게 변화하는 것이 아니다. 반응하는 두 물질 간에는 포화의 최소 한계점과 최대 한계점이 존재하며, 이 두 가지 한계점 사이에서 화합비는 변화한다고 베르톨레는 생각했다.

그러나 베르톨레의 최대의 문제는 자연계에서 생성되는 화합물에는 화합비가 일정한 예가 다수 존재한다는 것이다. 베르톨레는 화합물의 화합비가 일정한 경우가 존재하는 것을 결코 부정하는 것은 아니다. 베르톨레의 참뜻은 이런 것이 아니라, 본질적으로 화합비가 가변적이어야 할 것인데, 왜 화합비가 일정한 경우가 생기는가를 설명하는 데 있었다.

베르톨레는 화합의 점진적인 진행을 저해하는 요인에 대해 고찰했다. 베르톨레가 고려한 최대의 원인은 아마도, 두 물체의 화합에 의해 생기는 '응축', 부피의 감소였다. 예를 들어 암모니아의 경우에 한 부피의 질소와 세 부피의 수소가 화합하여 두 부피의 암모니아가 생성된다. 따라서 암모니아는 크게 응축한 두 종류의 기체로 구성되므로 질소와 수소와의 화합비는 일정하다. 이것에 반해 아질산기체는 구성 원소가 약한 응축만을 받아들이므로 아질산기체는 쉽게 산소와 화합하여 화합물의 조성이 변한다. 반응하는 두 물체는 최대의 '응축'을 하는 화합비에서 양자의 상호작용을 멈춘다.

'응축'과 같은 효과는 '응집력'과 '탄성장력' 등에 의해서도 나타난다. 예를 들어 액체 중에서 고체가 침전하는 경우에 고체 화합물의 입자 간 응집력은 고체의 분리(침전)를 나타낸다(즉, 일정한 화합비로 반응은 끝난다). 액체에서 기체가 발생하는 경우는 탄성장력의 작용으로 일정 화합비의 기체가 발생한다. 베르톨레는 이러한 일정 화합비의 화합물이 생기는 이유를 고찰한 다음, 화합물은 원천적으로 부정화합비를 취한다는 것을 주장하고 부정화합비의 대표적인 화합물로서 용액과 합금을 제시했다.

4. 프루스트의 주장

프루스트와 베르톨레와의 논쟁은 베르톨레가 『화학정역학론』에서 일정 화합비의 이론을 지지하는 화학자로서 프루스트를 지명하여 비판한 것부터 시작했다.

프루스트(J. L. Proust, 1754~1826)는 1799년의 논문 「Prussian blue의 연구」에서 철산화물에서 산소의 일정비와 화합하는 2종의 산화물만이 존재한다는 것을 결론짓고, 이후의 논문에서는 모든 물질은 다른 물질과 상호 일정한 화합비로 화합한다는 것을 증명하는 실험 사실을 집필하는 데 노력했다.

프루스트의 연구는 주로 금속의 산화물과 황화물이었는데 베르톨레와의 논쟁은 이러한 화합물을 둘러싸고 활발하게 이루어졌다. 베르톨레의 이론 중에서 특히 프루스트를 괴롭힌 것은 화합과 용해를 베르톨레가 구별하지 않았다는 것이다. 이미 설명한 것같이 베르톨레에게 용액은 화합물로 부정화합비 화합물의 전형이었다. 프루스트는 화합물과 용액을 구별하는 기준을 밝힐 수가 없었다. 그러나 프루스트는 다양한 금속의 산화물이나 황화물에 대하여, 화합비가 일정한 예를 분석에 의해 제시할 수 있었다. 이 점에서 프루스트는 당시 매우 유능한 분석자인 것은 의심할 여지가 없다. 프루스트는 프랑스의 화학자 테나르(L. J. Thénard, 1777~1857)가 획득한 안티몬의 6종류의 산화물이 사실 2종류의 산화물의 혼합물이란 것을 밝혔다(베르톨레는 테나르의 안티몬 산화물을 자신의 이론을 밑받침하는 증거로 간주했다). 그러나 프루스트가 좌절한 것은 여러 종류의 화합물이 생기는 황화물의 경우였다. 프루스트는 기묘하게도 안티몬이나 구리의 황화물의 경우 이러한 화합물은 진정한 화합물이 아니고, 이른바 용액이라고 해석했다. 예를 들면 구리와 황의 화합물은 진정한 화합물인 황화구리가 황에 용해되어 여러 가지 화합비의 구리의 황화물이 생성된다고 생각했다.

이러한 견해는 베르톨레로서는 매우 애매한 이론처럼 여겨졌다. 프루스트는 일정 화합비의 화합물이 생기는 원인은 '자연의 의지'라고 했다. 프루스트는 이미 설명한 1799년의 논문에서 '산화구리의 화합비는 항상 불변이며, 이러한 특성은 인공 화합물이건 천연화합물이건 진정한 화합물의 특징이다. 한마디로 말한다면 슈탈(E. Stahl, 1660~1743)이 능숙하게 고찰한 "자연의 균형"이다'[6]라고 기술했다. 프루스트의 이론은 매우 엄밀한 이론을 전개하려고 했던 베르톨레를 만족시킬 수 없었다.

그러나 프루스트가 지지한 것은 이론이 아니고 일정 화합비의 화합물이 실질적으로 많은 수가 존재하는 실험적 사실이다.

5. 닫는 말

5.1 프루스트는 '일정 성분비 이론'의 발견자인가

이미 설명했듯이 일정 성분비의 이론은 이미 18세기 후반의 많은 화학자에 의해 인식되고 있었다. 따라서 프루스트를 '일정 성분비의 이론'의 발견자라고 생각할 수는 없다. 오늘날의 표준적인 개설서(예컨대 A. Ihde,

『현대화학사』, 미스즈서방)에서도 그렇게는 기술되어 있지 않다.

5.2 당시의 화학자는 어떻게 판정했는가

다음 문제는 프루스트가 '논쟁'의 승리자인가 하는 점이다. 많은 개설서는[모두의 인용문(3)의 저자도] 프루스트를 승리자로 기술하고 있다. 그러나 프루스트를 승리자로서 판정하는 것은 현대인의 배려가 아닐까 하는 의심도 생긴다. 이 책의 1장에서 시마하라 씨는 '오류가 생기는 근원'의 하나로서, '법칙의 발견자는 자신의 발견 내용을 후세 사람들이 이해하는 것과 같은 개념으로 이해하고 있다'라고 지적하지만, 이 경우에도 당시의 화학자들이 우리와 마찬가지로 '논쟁'의 승리자로서 판정했다고 생각하는 것은 위험한 일이다.

19세기 초 10년 동안 '논쟁'에 관해 화학자들은 어떠한 태도를 취했는지 상세한 내용에 대해서는 다른 문헌[7]을 참조하기 바란다. 개략적으로 말하자면 프랑스의 화학자는 거의 베르톨레를 지지했다. 왜냐하면 당시 베르톨레는 에콜 폴리테크니크(Ecole Polytechnique) 교수, 프랑스 아카데미회원, 아르큐이학회의 창시자로서 권위가 있었고, 게이뤼삭, 테나르, 비오(J. B. Biot), 뒬롱(P. L. Dulong) 등의 유력한 문하생을 배출했기 때문이다. 이 문하생들이 그들의 은사인 베르톨레의 이론을 지지한 것은 당연한 처사였을 것이다.

베르톨레의 문하생 중 한 사람인 게이뤼삭(J. L. Gay-Lussac, 1778~1850)이 어떻게 은사의 이론을 옹호했는가를, 그가 발견한 '기체 반응의 법칙'에서 고찰하는 것도, 이 경우에 있어서 뜻있는 일인지도 모른다.

현재의 우리는 게이뤼삭에 의한 '기체 반응 법칙'이 돌턴의 원자론을 지지하는 유력한 증거의 하나이며, 그로 인해 베르톨레 이론에 대한 반증으로 간주한다.

그러나 19세기 초에 게이뤼삭은 그가 발견한 사실이 은사 베르톨레의 이론을 뒷받침하는 유력한 확증이라고 여겼을 것이다.

1809년 게이뤼삭이 발표한 원논문[8]을 검토해 보면, 반응하는 기체의 부피 사이에는 간단한 비가 존재하는데 이는 '논쟁'과 어떤 관계를 가질까 하는 것이 게이뤼삭에 있어서 주요한 관심사였을 것이다. 그러므로 게이뤼삭은 이 논문에서 프루스트의 이론, 돌턴의 이론, 그리고 베르톨레의 이론의 개요를 설명하는 것으로부터 서술을 시작한다.

게이뤼삭은 세 사람의 이론을 요약 설명한 다음에, 지금부터 자신이 논하는 사실이(즉, '기체 반응의 법칙'에 관한 사실이) 현재 논의의 대상이 되고 있는 문제의 해결에 공헌할 것이라고 언급했다. 이것은 게이뤼삭이 '기체 반응 법칙'을 시사하는 실험적 사실을 '논쟁'의 맥락에서 해석하려는 것을 뜻한다. 사실 그가 논문에서 재삼(再三) 강조한 것은 반응물질의 부피비가 간단한 비로 되는 것은 기체의 경우만이며, 고체나 액체는 절대로 그렇지 않다는 것, 그리고 우리가 중량비를 문제로 할 경우에는 이처럼 간단한 비는 생기지 않는다는 것이다.

기체의 경우, '응축'으로 일정 화합비의 화합물이 생성되는 경우가 많다는 것을 주장한 것은 다름 아닌 베르톨레였다. 따라서 고체나 액체와는 달리, 기체가 간단한 일정 화합비의 화합물이 생성된다는 사실은 베르톨레 이론의 정당성을 증명하는 것으로 생각했다. 이 논문의 마지막에서 게이뤼삭은 돌턴 원자론과 베르톨레 이론과는 언뜻 보기에는 정반대인 것처럼 여겨지나 두 이론은 양립할 수 있다고 논했다. 즉 게이뤼삭에 의하면 물체입자 간의 화학작용은 연속적으로 발생하므로 베르톨레가 일반적으로 주장하는 것같이 부정화합비의 화합물이 생기는 것을 인정해야 한다. 그렇지만 불용성·응집력·탄성장력 등이 원인이 되어 일정 화합비의 화합물이 생기는 것 이외에 돌턴이 말하는 것처럼 원소가 간단한 비 혹은 배수 비로 화합하는 경우에는 화학작용이 가장 강력하므로, 생성하는 화합물은 기체의 경우와 같이 비교적 쉽게 분리된다는 것을 인정해야 한다고 게이뤼삭은 말한다.

이처럼 게이뤼삭의 해석은 베르톨레 이론 내에서의 발언임은 두말할 나위가 없다. 게이뤼삭의 말이 은사에 대한 존경심에서 한 것인지 아닌지는 알 수 없으나, 웬만한 확증이 없는 한 억측은 삼가야 할 것이다.

영국에서는 베르톨레를 뚜렷하게 지지하는 분위기는 없었으나 프루스트를 확실하게 지지한 화학자는 토머스 톰슨 정도였다. 베르톨레를 꽤 충실하게 지지한 화학자로는 스코틀랜드의 머리(J. J. Murray, ?~1820)가 있었다.

스웨덴의 베르셀리우스는 당시 권위 있는 화학자의 한 사람이었으나, 그는 돌턴 원자론의 지지자였다. 베르셀리우스는 베르톨레의 친화력 이론과 부정화합비의 이론을 구별하여 생각했던 것 같다. 베르셀리우스는 부정화합비의 이론은 무시했으나 후대에 '질량 작용의 법칙'으로 부르게 된 베르톨레의 친화력 이론은 일정 화합비의 이론과 양립할 수 있다고 믿었다.

어쨌든 당시의 많은 화학자들은 적어도 1890년경까지 베르톨레를 '논쟁'의 패자로 보지 않았다.

5.3 베르톨레 패자설은 어떻게 생겨났는가

그렇다면 베르톨레를 패자로 보는 견해는 어느 시대부터, 누가 주장하여 어떻게 보급되었을까.

이러한 종류의 문제에서 진실을 규명한다는 것은 매우 어려운 일이다. 그러나 내가 아는 한, 베르톨레를 패자로서 공공연하게 논한 것은 1830~1831년에 출판된 토머스 톰슨의 『화학사』가 최초인 것 같다. 이 저서에서 톰슨은 베르톨레 이론을 비판하고 베르톨레의 추론을 '미지의 일에 허점을 남긴 논증'이라고 논평했다. 톰슨은 프루스트와 베르톨레와의 논쟁은 매우 예의를 갖춘 것이라고 칭찬했으나 '이 문제에 대한 프루스트의 견해가 옳고 베르톨레의 견해는 틀린 것이라는 데 모든 사람이 동의한다'라고 결론지었다. 톰슨의 『화학사』는 그의 주장이 강하게 표출되어 공정한 역사서로 간주하기는 위험하다. 톰슨은 돌턴의 원자론이나 프라우트(W. Prout, 1785~1850)의 가설의 지지자로 알려졌으며, 그의 『화학사』는 역사라는 형태로서 그의 주장을 보충하는 성격을 띤다고 생각한다.

돌턴 원자론의 입장에서 보면 베르톨레의 이론은 분명히 틀린 것이다. 톰슨 이후의 화학사가 그의 『화학사』에서 어느 정도 영향을 받았는지는 분명치 않으나, 돌턴 원자론은 19세기를 통해 찬반양론의 목표였다는 점에서 원자론자라면 아마도 베르톨레를 부정적으로 평가했을 것이라 생각하게 된다. 프랑스에서의 원자론 지지자인 워츠(C. A. Wurtz, 1817~1884)가 1880년에 쓴 원자론에 관한 저서의 역사적 기술에서 프루스트의 승리를 선언하고 있는 것을 봐도, 별로 이상할 것이 없다. 따라서 베르톨레 패배설을 적극적으로 제창한 것은 우선 원자론 지지자였다. 그러나 1820년 이후(베르톨레의 사후) 프랑스인 화학자가 베르톨레 이론의 타당성을 적극적으로 주장하지 않은 것도 사실이다. 이와 같이 역사적 과정 속에서, 특히 20세기 이후 원자론이 승리를 한 것을 보면 베르톨레 패자설은 당시의 역사적 사실과는 무관하게 확립됐다고 여겨진다.

참고문헌과 주

1 S. Mauskopf, 'J. L. Proust', *in Dictionary of Scientific Biography,* Charles Scribner's Sons, New York, 1975, Vol. 11, p.167.

2 R. Dossie, *Institute of Experimental Chemistry,* 1795, Vol. 1, p.11; Mauskopf ibd p.167.

3 J. R. Partington, *A History of Chemistry,* Macmillan, London, 1962, Vol. 3, p.634.

4 J. B. Richter, *Anfangsgründe der Stöchyometrie,* 1792, Vol. 1, p.123; Partington, ibd p.680.

5 藤井清久, 『化學史研究』, 제3호(1985), p.136.

6 J. L. *Proust, Ann. de chim.,* **32**, 30(1799).

7 K. Fujii, *Brit. J. Hist Sci.,* **19**, 177(1986).

8 J. L. Gay-Lussac, *Mémoirs de la Societé d' Arcueil,* **2**, 207~234(1809).

5.

아보가드로는 분자 개념을 제시했는가:
'상식'에 대한 반문

오오노 마코토(大野 誠)

나고야대학 공학부 화학공학과 졸업. 동 석사과정
수료. 도쿄대학 이학계 대학원 과학사, 과학기초론
석사과정 수료. 나고야대학 문학 연구과 서양사 박
사. 전공은 근대 화학사, 영국 근대사.

1. 여는 말

예를 들어 '분자란 개념은 어떻게 형성되었는가'하고 물었다고 하자. 이 책의 독자라면 바로 '아보가드로가 어쩌고저쩌고'하면서 대답할 것이 틀림없다. 그 정도로 오늘날의 우리는 아보가드로를 분자론의 창시자로 간주하는 게 관습화되었다. 그리고 이 지식은 우리의 '상식'이 되었다. 그러나 '상식'이라 하여 오랫동안 믿어왔던 것도 한번 의심을 갖기 시작하면 의외로 근거가 미약한 일이 자주 있다. 그렇다면 아보가드로의 경우는 어떠한가. 아보가드로는 정말 분자라는 개념을 제창한 것일까. 나는 여는 말에서 '아보가드로=분자론의 창시자'란 상식에 도전하고자 한다.[1]

다음과 같은 순서로 이 작업을 진행하겠다. 우선 다음 절에서는 아보가드로의 '분자론'에 관한 우리들의 '상식'을 분명하게 분석 검토한다. 3절에서는 아보가드로가 '분자론'을 제기한 원논문을 실제로 검토한다. 4절 이후에는 드디어 '아보가드로=분자론의 창시자'라는 '상식'의 시비(是非)에 대해 고찰하기로 한다.

2. '상식'의 테두리: 고교 교과서에서 아보가드로의 분자론

우리가 아보가드로의 '분자론'에 관해 '상식'을 갖게 된 것은 고교 교과서에서이다. 여기서는 현행 Z사의 교과서의 내용(이 예는 이 책의 1장에서도 다루었다)을 다루어 보자.

그림 5-1 | A. A. 아보가드로(1776~1856)

이 교과서는 '화학의 기본 법칙과 분자설·원자설의 관계', '기체 반응 법칙과 분자설'이라는 제목의 그림(〈그림 5-2〉, 〈그림 5-3〉으로 전제)을 첨가하여 본문에서 다음과 같이 서술한다.

아보가드로의 분자설

기체 반응의 법칙과 돌턴의 원자설을 비교하면 기체 반응 법칙에서 화합하는 기체의 부피가 간단한 정수비를 이루고, 돌턴의 원자설에서는 화합하는 원자 수가 간단한 정수비가 된다. 이러한 사실로써 등온·등압 하에서 같은 부피의 단순기체는 같은 수의 원자를 포함하고 있지 않을까 하는 생각이 생겼다.

그런데 이러한 생각은 <그림 5-3> (b)와 같이 실험 결과를 적절하게 설명할 수 없는 경우도 있다는 것을 알게 되어 이것을 해결

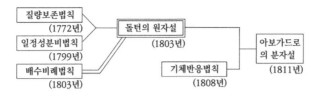

그림 5-2 | 화학의 기본 법칙인 원자설, 분자설의 관계(乙사의 교과서에서)

하기 위해 아보가드로가 1811년에 다음과 같은 분자설을 생각했다. '기체는 몇 가지의 원자가 모여 이루어진 분자로 이루어지며, **등온, 등압 하에서 같은 부피 속에는 같은 수의 분자가 포함되었다.**'

이것에 의하면 <그림 5-3> (c)와 같이, 원자를 사용하여 모순 없이 실험 결과를 설명할 수 있다. 그 후 많은 실험에서 분자의 존재가 확인되어, 현재에는 위의 굵은 글씨 부분을 아보가드로 법칙이라 부르며, 기체의 부피와 분자 수의 관계 등을 생각하는 기본적인 법칙이 되었다.

읽어 보면 알겠지만 이 인용은 아보가드로의 '분자론'에 관한 전형적인 서술이다. 이것을 근거로 우리들의 '상식'을 검토하는 작업을 시작하자.

우선 아보가드로가 무슨 이유로 '분자론'을 제기했을까 하는 것은 <그림 5-2>와 같은 역사적 과정을 거치거나 <그림 5-3>에서 보는 바와 같은 추론의 결과 때문이다. 즉 아보가드로가 '분자론'을 제안한 것은 게이뤼삭

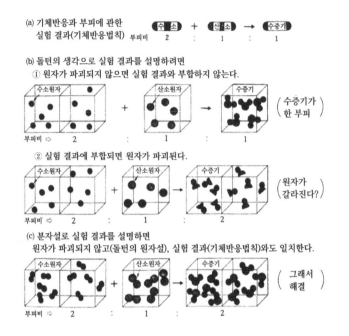

(a) 기체반응과 부피에 관한
    실험 결과(기체반응법칙) [수소] + [산소] → [수증기]
    부피비   2 : 1 : 1

(b) 돌턴의 생각으로 실험 결과를 설명하려면
    ① 원자가 파괴되지 않으면 실험 결과와 부합하지 않는다.

    부피비 ⇨   2   :   1   :   1   (수증기가 한 부피)

    ② 실험 결과에 부합되면 원자가 파괴된다.

    부피비 ⇨   2   :   1   :   2   (원자가 갈라진다?)

(c) 분자설로 실험 결과를 설명하면
    원자가 파괴되지 않고(돌턴의 원자설), 실험 결과(기체반응법칙)와도 일치한다.

    부피비 ⇨   2   :   1   :   2   (그래서 해결)

그림 5-3 | 기체 반응의 법칙과 분자설(Z사의 교과서에서)

이 발견한 '기체 반응 법칙'(이것은 당시에 아직 '법칙'으로서 인정하지 않았으므
로, 다음부터는 '기체 결합 부피비'라고 부르기로 한다)과 돌턴의 원자론과의 모
순을 해소하기 위함이다. 그래서 이 '분자론'의 내용은 몇 가지의 원자가
모여서 이룬 입자(원자와 구별함)를 분자라고 생각하는 것이었다.

　이때의 아보가드로의 이론상의 입장은 앞의 인용문 중에 '……실험 결
과는 원자를 사용하여……'라고 한 것에서도 알 수 있듯이 돌턴의 원자론
이다. 또한 이러한 '분자론'과 '아보가드로 법칙'과의 관계는 '분자' 개념
이 미리 존재하지 않으면 '법칙'의 내용은 달라지므로 '분자론'이 기초가

되어 '아보가드로 법칙'이 성립되는 것이다.

이상의 것에서 검토해야 할 점은 다음과 같다.

검토점1 아보가드로가 '분자론'을 제기한 것은 기체의 결합부피
비와 돌턴의 원자론과의 모순을 해소하기 위해서 일까?

검토점2 아보가드로는 몇 개의 원자가 모여서 이룬 입자를 분자
로 생각하는가?

검토점3 아보가드로의 이론상의 입장은 돌턴의 원자론인가?

검토점4 '아보가드로 법칙'은 '분자론'이 기초가 되어 성립하는가?

앞의 인용에 관해서 그 밖에 검토할 점이 있다면 그것은 아보가드로 이전
의 '같은 부피 같은 수의 원자설'의 존재 여부와 관련이 있다. 이 점은 이번
에 논하고자 하는 범위 밖의 것이므로 이 장의 끝인 주에서 논하기로 한다.[2]

3. 원문을 찾아보자: 1811년 논문의 검토

아보가드로가 '아보가드로 법칙·분자설'을 제안한 것은 1811년에 프
랑스 과학잡지 『물리, 화학, 자연지』에 기재된 「물체의 원소입자의 상대
적 질량과 화합물 중 원소입자의 화합비를 결정하는 방법에 관한 시론」이
란 제목의 논문에서였다.[3] 이 논문은 프랑스어로 쓰였으나, 이미 번역된
것이 있으므로 이것을 이용하면, 즉 다른 데서 문구를 그대로 베끼지 않

으면(베끼는 것을 반복하면 '거짓'을 증폭시킨다), 아보가드로 자신의 견해를 알 수 있다.[4]

우선 포괄적으로 이 논문의 구성에 대해 이야기해 보자.

이 논문은 전부 8절로 이루어져 있으며 최초의 2절(Ⅰ, Ⅱ)에서 두 개의 가설을 제안하고, 이어지는 Ⅲ~Ⅳ에서는 구체적으로 몇 가지 물체를 취급하여 원소입자의 상대적 질량과 화합비를 결정하고 돌턴의 원자량 값과 화합비를 비교, 검토하고 있다. 그리고 Ⅷ이 결론이다. 이 장에서 허용된 지면은 개개의 것에 대해서 구체적으로 언급하는 것이 불가능하므로, 가장 중요한 Ⅰ·Ⅱ·Ⅷ를 다루기로 하자.

3.1 같은 수 가설의 제안

1811년 논문 Ⅰ은 다음과 같이 시작한다. 또한 인용 중 (ⅰ)~(ⅲ)의 번호는 앞으로의 편의를 고려하여 내가 삽입한 것이다(다른 인용도 마찬가지이다).

(ⅰ) 게이뤼삭은 흥미 있는 논문(아르크이유학회논집, 제2권)에서 다음의 것을 해명했다. 즉, 기체는 항상 정수의 부피비로 결합하고, 결합의 결과 생성된 기체의 부피 역시 그 성분기체의 부피와 정수비를 이룬다. (ⅱ) 그러나 화합물 중의 물질의 양적 비율은 결합하는 입자의 상대적 개수와 결합의 결과 생성되는 '화합입자(molécule composée)'의 상대적 개수에만 의존하는 것같이 여겨진다. (ⅲ) 기체물질의 부피와 그것을 형성하고 있는 '단순입자

(molécule simple)', 혹은 화합입자의 개수 간에도 정수비가 성립된다는 것을 인정해야 한다. 이 관계에 대해 즉시 그리고 유일하게 인정할 수 있다고 여겨지는 가설은 어떠한 기체에 있어서도 '구성단위입자(molécule intégrante)'의 개수가 같은 부피 내에서는 항상 같거나 혹은 그 부피에 항상 비례한다고 가정하는 것이다.

이 인용 중 (iii)의 후반에서 오늘날의 '아보가드로 법칙'을 제안하고 있다. 그 당시 이것은 아직 '법칙'으로서 인정받지 못했으므로, 여기서는 그 내용에 따라 '같은 수 가설'이라 부르기로 한다. 또한 이 가설 중에는 '구성단위입자'라는 생소한 용어가 있는데, 이 말은 프랑스의 아유이(R. J. Haüy, 1743~1822)의 결정학에서도 볼 수 있는 것으로써, 물질을 물리적으로 분할할 경우에 얻을 수 있는 단위입자를 가리킨다.

여기서 같은 수 가설에 대한 이해를 쉽게 하기 위해서 다음의 세 가지 점을 지적하고 싶다. 첫째는 같은 수 가설의 표출에 관해서이다. 이 인용에서 같은 수 가설은 (i)과 (ii), 즉 기체의 결합 부피비 그리고 화합비와 입자 수와의 관계를 고찰해서 얻을 수 있다. 둘째는 같은 수 가설의 이론적 기반에 대해서 말한다면, 이 가설에서 중요한 것은 '어떠한 기체에서도'라는 조건이 있으나, 이 조건에서 같은 수 가설의 성립을 인정하기 위해서는 어떤 특정한 열소(熱素; 칼로리)설을 도입해야만 한다. 이 인용과 이어지는 부분에서 아보가드로는 그것을 돌턴의 생각과 비교하면서 해명했다. 두 가지는 모두 열소설의 입장을 취했으나, 그 내용은 상이하다. 아보가드로의 생각에 의하면 기체입자는 서로 꽤 떨어져 있으므로 기체입자와 그것을 둘러싼 열소 대기의 크기는 기체의 종류에 관계없이 같으나, 돌턴에 의하면 기체의 종류와 관계없이 같은 것은 열소의 양이며, 기체의 종류가 달라지면 기체입자와 열소와의 인력이 서로 다르기 때문에 기체입자와 그것을 둘러싼 열소 대기의 크기도 달라진다. 다시 말해 같은 수 가설은 성립되지 않는다는 것이다.

셋째는 같은 수 가설의 역할이 무엇인가 하는 점이다. 이것은 1811년 논문의 취지와도 관계되지만 이 가설이 성립하는 것을 전제한다면, 기체밀도의 데이터에서 원소입자의 상대적 질량과 기체의 종합 부피를 데이터로 각각의 화합비를 결정할 수 있다. 아보가드로 자신이 사용하고 있는 예로서 이 사실을 구체적으로 나타내면 다음과 같다.

$$\frac{\text{산소기체의 밀도}}{\text{수소기체의 밀도}} = \frac{1.10359}{0.07321} = \frac{15.074}{1}$$

$$= \frac{\text{산소기체의 질량}}{\text{수소기체의 질량}} \quad \text{(모두 같은 부피)} \quad = \frac{\text{산소입자의 질량}[5]}{\text{수소입자의 질량}}$$

$$\uparrow$$
$$\text{같은 수 가설}$$

수소기체 1부피와 산소기체 2부피에서 수증기가 생성하는 반응

$$\text{부피비에서}$$
$$\downarrow$$
$$\frac{\text{수소기체의 부피}}{\text{산소기체의 부피}} = \frac{\text{산소입자의 개수}}{\text{수소입자의 개수}} = \frac{1}{2}$$
$$\qquad\qquad \uparrow \qquad\qquad\qquad\qquad \uparrow$$
$$\qquad\quad \text{같은 수 가설} \qquad\qquad \text{화합비를 나타냄}$$

3.2 입자분열 가설의 제안

이상과 같이 같은 수 가설을 제안한 다음 아보가드로는 바로, 이 가설만으로는 실제의 현상을 적절하게 설명할 수 없는 경우도 있다는 것을 II에서 다음과 같이 논한다.

「화합물에 대해서는 얼핏 보아 우리의 가설을 인정하지 않는 것 같은 생각이 든다. (i) 2개 이상의 원소입자로 이루어진(화합) 입자의 질량은 이들 원소입자의 질량의 합과 같아야 한다. (ii) 특히 화합물에 있어서 어떤 물체의 입자 1개가 다른 물체의 2개 이상의 입자와 결합하는 경우, 화합입자의 개수는 최초 물체의 입자 수와 같을 것으로 생각된다. (iii) 우리의 가설에서는, 어떤 기체가 2배 이상인 부피의 기체와 결합할 때 생성하는 화합물이 기체이면 처음 기체의 부피와 같은 부피를 차지하게 될 것이다. (iv) 그러나 실제로는 일반적으로 말해서 그렇게 되지 않는다. 예를 들면 게이뤼삭이 밝힌 바와 같이 기체상의 물의 부피는 그 성분인 산소기체 부피의 2배이다.」

여기에서 (i)는 물론 화학반응 시에 질량 보존 법칙이 성립하는 것을 말한 것이다. (ii)~(iv)에 대해서는 아보가드로 자신이 제기한 반응을 예로 하여, 서술한 내용에 어긋나지 않도록 현대식으로 고쳐 쓰면 위의 그림과 같다.

즉 (iii)이 옳다면 생성된 수증기의 부피는 (iv)처럼 된다. 바꾸어 말하면 (iii)의 본질을 이루는 같은 가설과 기체의 결합 부피비와의 사이에는 모순이 생기게 되는 것이다.

그러면 이 모순은 어떻게 해결할 것인가. 앞의 인용에 이어 아보가드로는 이렇게 말하고 있다.

(ii)　(　산소입자
n개　) + (　수소입자
2n개　) → (　수증기입자
n개　)

(iii) 같은 수 가설이 성립하고 생성물이 기체이면,
　　(다음부터 □은 기체의 1부피를 나타낸다)

산소입자 n개	+	수소입자 n개	수소입자 n개	→	수증기입자 n개

(iv) 그러나 게이뤼삭이 수증기 생성에 대해 밝힌 것은,

산소기체	+	수소기체	수소기체	→	수증기	수증기

「그러나 이러한 종류의 사실을 우리의 가설에 의해 설명하는 방법은 자연에서 쉽게 찾을 수 있다. 즉 다음과 같이 가정하는 것이다. 어떤 단순 기체의 '성분입자(molécule constituante)', 즉 서로 영향을 미치지 않는 거리에 있으며, 그 기체를 구성하는 입자는 오직 하나의 원소로 이루어진 것이 아니라, 인력에 의해 하나로 결합한 어떤 수의 입자로 구성되어 있다. 또한 다른 물질입자가 이 입자와 결합하여 화합입자를 형성할 경우, 그때 생기는 구성단위입자는 2개 이상의 부분으로 나뉜다. 즉, 이러한 구성단위입자는 최초 물질의 성분입자를 형성하고 있는 원소입자의 1/2, 1/4 등으로, 이 입자 전체와 결합하는 다른 물질의 성분입자 수의 1/2, 1/4

등이 결합한 것이다. … 그 결과, 화합물의 구성단위입자 수는 이
분열이 일어나지 않으면 2배, 4배 등이 되고 또한 생성기체의 부
피를 만족시키려면 그렇게 해야 한다.」

이와 같이 아보가드로는 단순 기체의 경우 그 성분입자가 반응할 때
분열한다고 가정하면, 앞에서 본 모순을 해소시킬 수 있다고 생각했다.
이 가정이 오늘날 '아보가드로의 분자설'이라고 부르는 것인데 '분자설'이
라고 해석해도 될지는 뒤에 검토하고, 여기서는 그 내용에 의해 '입자분열
가설'이라 부르기로 하자.

이 가설에 대해서 몇 가지를 지적하고 싶다. 첫째로 단순 기체로 한정
해도 아보가드로는 이 한 입자가 두 개로 분열한다고는 할 수 없는 것이
다. 즉 아보가드로는 단순 기체='2원자 분자'라는 견해를 갖고 있지 않다.
1811년 논문의 다른 부분에서도 논한 바와 같이 하나의 입자는 한결같이
2개로 나뉘는 것이 아니라 경우에 따라서는 4개, 8개 등으로 분열한다.

둘째는 그렇다면 분열 수를 어떻게 결정하는가 하는 문제이다. 1811
년 논문의 어느 부분에도 이 점에 관한 이론적 방법은 제시되어 있지 않
다. 그러면 전적으로 임의적인가 하면 그렇지도 않고 분열 수는 기체의
결합 부피비와의 일치라는 기준으로 정할 수 있는 것이다.

셋째는 입자분열 가설의 역할에 대해서이다. 원래 입자분열 가설이
왜 필요하냐면, 같은 수 가설이 기체의 결합 부피비와의 관계에서 모순이
생기기 때문이다. 이때 모순을 해소하기 위한 방법은 같은 수 가설의 내

용을 변경하거나 돌턴이 실제로 한 것과 같이, 기체의 결합 부피비를 부정하는 것이다. 그러나 아보가드로는 이러한 방법 중 어느 것도 채용하지 않고, 끝까지 같은 수 가설을 지키고 기체의 결합 부피비의 성립을 인정했다. 즉 입자분열 가설은 아보가드로에게 가장 기본이 되었던 같은 수 가설을 지키고 기체의 결합 부피비를 구하기 위해서 설정한 최종적인 보조 가설이다.

따라서 이론상의 일반성은 같은 수 가설에 있으므로, 이것은 기체의 결합 부피비 사이에 모순이 생기지 않는다면 이론상 입자분열 가설은 사용하지 않아도 된다.

4. 아보가드로는 돌턴의 원자론자인가

위의 것으로부터 우선 검토점 4에 대한 해답을 얻을 수 있다. 나머지 3개의 검토점은 서로 밀접하게 연관되며 특히 검토점 3이 가장 기본이 된다. 만일 여기에 부정적인 해답이 주어진다면 다른 두 점에 대해서도 그 영향이 미치게 된다. 따라서 검토점 3의 타당성을 여기에서 검토한다.

언뜻 보면 아보가드로는 돌턴의 원자론 입장에 있다는 것을 1811년 논문의 서술에서 알 수 있다. 사실 이 논문의 결론 (ⅷ)에는 다음과 같이 쓰여 있기 때문이다.

「(i) 이 논문을 읽으면 일반적으로 우리 개개의 결과와 돌턴의 결과 사이에 많은 일치점이 있다는 것을 알 수 있다. (ii) 그러나 우리가 일반적 원리에서 출발한 것에 반해 돌턴은 개별적인 고찰에만 의존한다. 또한 일치점은 우리가 설정한 가설에 유리한 논거가 되는 것이다. (iii) 우리가 설정한 가설은 실제로는 오직 돌턴의 체계에서 그것이 정확하게 확립하도록 새로운 방법을 첨가한 것이며, 이 새로운 방법이란 돌턴 체계와 게이뤼삭이 확립한 일반적 사실과 우리가 찾아낸 관계에서 얻을 수 있는 것이다. (iv) 돌턴의 체계는 화합물이 흔히 일정비로 생기는 것을 가정하고 이것은 비교적 안전한 화합물이나, 화학자에게는 가장 흥미 있는 화합물에 관한 실험을 나타내는 것이다. (v) 기체 사이에서는 이러한 류의 결합만이 생기는 것으로 여겨진다. (중략) (vi) 우리의 예상으로는 고체와 액체에 있어서, (중략) 더 복잡한 비나 모든 비율의 결합차도 생길 수 있다. 그러나 이 결합은 우리가 다루었던 화합물과는 다른 유형일 것이다. (vii) 그리고 이 구별은 화합물에 관한 베르톨레의 생각과 일정 성분비의 이론을 화해시키는 데 필요할 것이다.」

이 인용 중의 (iii)은 아보가드로가 돌턴의 원자론자라는 것을 명백하게 나타내는 것처럼 보인다. 왜냐하면 아보가드로는 겸손하게도 '우리의 가설은 실제로는 돌턴의 체계에서 그것이 정확하게 확립하도록 새로운 방법을 첨가한 것이며'라고 분명하게 기술하고 있기 때문이다. 그러나 과연 그럴까. 이 문장은 아보가드로가 돌턴 원자론적 입장이라는 것을 증명하고 있는가? 답은 그렇지 않다. (iv)에서 서술한 것처럼, 아보가드로가 '돌 턴의 체계'라 부르며 받아들인 것은 화합물에서 일정 성분비 법칙의 성립 만이며, 이것을 설명하는 원자론까지 포함하고 있다는 보장은 어디에도 없다. 돌턴 원자론의 생각에 친숙해져 있는 오늘날 우리의 입장에선 일정 성분비 법칙의 성립이 의당 돌턴 원자론에 의해 증명되어야 할 것이다. 일반적으로 말해서 이 당시 일정 성분비 법칙의 성립을 인정하는 것과 돌 턴 원자론의 입장에 서는 것은 결코 같은 것이 아니다. 따라서 아보가드 로가 돌턴 원자론자라는 것을 증명하려면 다른 논거가 필요하다.

한편으로 보면 그 논거도 존재하는 것처럼 여겨진다. 그것은 아보가드 로가 말하는 '원소입자'가 돌턴의 원자를 뜻한다고 생각하는 것이다. 앞에 서 설명했듯이 1811년 논문의 III~VII에서는 '원소입자의 상대적 질량'이 돌턴의 원자량 값과 비교되었다. 비교한다는 것 자체가 양자의 동일성을 지지하는 것이 아닌가. 따라서 아보가드로의 원소입자=돌턴의 원자라는 것이 될 것이다.

그러면 왜 아보가드로는 1811년 논문에서 '원자'라는 말을 한 번도 사 용하지 않았을까. 답은 간단하다. 아보가드로의 체계에는 원래 원자라는 개념이 존재하지 않았다. 즉 원소입자라는 개념은 원자라는 개념과 다른 것이다. 이러한 것은 같은 수 가설·입자분열 가설을 생각하면 알 수 있듯 이 원소입자는 물리적으로 분할이 불가능하지만, 화학적으로는 다시 분 할할 수 있는 단위입자이며, 물리적 화학적으로 분할이 불가능한 돌턴 원 자와는 개념상 명백하게 다르기 때문이다.

그렇다면 아보가드로 이론의 입장은 무엇인가. 이 점에 대한 상세한 것은 다른 데서 설명하고자 한다.[6] 먼저 인용한 (v)~(viii)가 그의 입장을 알 수 있는 단서가 될 수 있다. 여기에서의 인식은 (1) 일정 성분비 법칙의 성립은 기체라는 특별한 상태의 물질에 한한다. (2) 고체·액체물질의 화합비는 베르톨레의 이론이 성립하므로, 이것은 베르톨레의 제자인 게이뤼삭의 1808년 유명한 논문에서 나타낸 태도와 본질적으로 다를 바 없다. 이러한 사실과 최근의 연구에 따르면 아보가드로는 돌턴 원자론과는 이론적 입장이 다른 베르톨레 화학의 영향 하에 있다고 말할 수 있다.[7]

5. 닫는 말

이상으로 검토점의 전부에 대한 해답을 부여했다. 그 결과와 관련 사항을 포함하여 요약하면 〈표 5-1〉같이 된다.

끝으로 다시 한번 아보가드로를 분자론의 창시자로 간주해도 좋은지의 여부에 대해 생각해 보자. 우선 이것을 논의하기 전에 molécule란 말에 대해 한마디 짚고 넘어가기로 하자. 만일 이 말이 아보가드로의 독창에 의한 것이라 생각한다면 그것은 큰 잘못이다. 처음으로 출현한 시기는 분명하지 않으나 이 말은 17세기 이후, 특히 프랑스의 문헌에서 자주 쓰며, 그 뜻은 영어의 particle과 같은 뜻인 '입자'이다. 따라서 현재와 같이 '다시 나뉘는 입자'='분자'라는 뜻은 원래부터 있지 않았다. 두 말할 나위 없이, molécule가 '분자'라는 뜻으로 사용하게 된 것은 분자 개념이 성립

사항	종래의 견해	새로운 견해
Av의 분자론 성립	돌턴 원자론과 기체 반응 법칙과의 모순	같은 수 가설과 기체의 결합 부피비가 모순
Av의 분자론 내용	원자가 복수로 모여 분자를 이룬다.	입자분열 가설(화학 반응 시 입자분열이 생긴다) Av 이론은 돌턴과 같은 의미의 원자 개념은 존재하지 않는다
Av 법칙과 분자론	분자론이 기초가 되어 Av 법칙이 성립	입자분열 가설은 같은 수 가설에 대한 보조 가설
Av의 이론상 입장	돌턴 원자론	베르톨레 이론
Av의 1811년 논문이 무시된 원인	같은 시대의 과학자가 오해했기 때문	당시 수준으로 판단하면, 주목할 만한 내용이 포함되어 있지 않음
분자 개념의 성립	Av 이론에 의함	1840~1850년대의 유기화학에 있어서 구조 개념이 발전하는 과정(?)

표 5-1 | 아보가드로의 분자론에 관한 신, 구해석의 대비(아보가드로를 Av의 약자로 씀)

한 이후의 일이다.

그러면 결론을 말하자. 아보가드로를 분자론의 창시자로 간주할 수 있냐고 묻는다면 그 답은 명확히 아니다. 분자 개념이 성립될 때 최소한으로 필요한 것은 원자와 그 집단인 분자를 개념상 명확하게 구별하는 것인데, 아보가드로는 그 구별조차 하지 않았다. 이미 설명한 아보가드로의 원소입자와 돌턴 원자와의 관계같이, 그의 입자분열 가설은 분자론과는 다른 것이다. 그의 원소입자는 분명히 '다시 나뉠 수 있는 입자'였으나, 그러한 경우는 한정되어 있었다(기체 사이의 반응이며, 또한 같은 수 가설과 부피비의 데이터와 모순일 때).

이상과 같이 나의 견해에 대해서 다음과 같은 의문이 생길 것이다. 분자 개념이 아보가드로에서 유래하는 것이 아니라면, 언제·어떻게 분자 개념이 형성되었는가. 솔직히 말하면 나는 현재 이 물음에 대해 완전한 답을 줄 수 없다. 오히려 이 장에서 내가 지향하고자 한 것은 '아보가드로=분자론의 창시자'라는 '상식'이 얼마나 미약한지 제시함으로써 독자를 이러한 물음에 유도하려는 것이다. 우리는 지금껏 너무나도 '상식'에 얽매여 있었기 때문에 이러한 물음을 정식으로 받아들이지 않았던 것은 아닐까. 만일 그렇다면, 우리는 지금부터 이 물음에 대한 해답을 찾는 작업을 시작하지 않으면 안 된다. 따라서 지금부터 나는 일단 나름대로의 해답을 피력하고자 한다. 또한 매번 거친 묘사를 하는 것에 대해 미리 양해를 구하고자 한다.

먼저 성립의 시기에 관해서인데, 이것은 대략 1840년대부터 1850년대까지라고 여겨진다. 시기를 이처럼 한정할 수 있는 것은 다음과 같은 이유 때문이다. (1) 앞에서 아보가드로는 원자와 그 집단인 분자를 개념

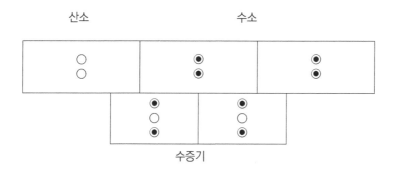

그림 5-4 | 고댕이 1833년의 논문에서 제시한 그림

그림 5-5 | S. 카니차로(1826~1910)

상 명확하게 구분하지 않았는데, 아보가드로 이후가 되면 이 구별을 분명
하게 논하는 인물이 나타난다. 그 인물이 프랑스의 고댕(M. A. A. Gaudin,
1804~1880)이다. 그는 1883년의 논문에서 원자 집단인 분자와 원자를 명
확하게 구별했을 뿐만 아니라 2원자 분자, 3원자 분자와 같은 용어를 제
안하여 〈그림 5-4〉와 같은 분자도를 제시했다.[8] 오늘날의 입장에서 생각
하면 아보가드로를 대신하는 분자 개념의 첫째 제창자로 보고 싶은데 역
사적 사실을 말하면 이 고댕의 논문에서조차 분자 개념은 인정받지 못했
다. (2) 그런데 1860년에 이르러 상황은 변했다. 이 해에는 케쿨레(F. A.
Kekulé, 1829~1896)의 주도 하에 카를스루에(Karlsruhe)에서 사상 최초의
국제 화학자회의가 개최되었는데 이때의 회의록을 읽으면 알 수 있듯이,
분자나 원자를 어떻게 정의할 것인가에 대해서는 의견이 나누어졌으나
다수파의 화학자들은 분자 개념의 필요성을 인정했다.[9] 따라서 (1)과 (2)의

중간 시기에 해당하는 1840년대부터 1850년대까지를 분자 개념의 성립 시기라고 생각할 수 있다.

그러면 분자 개념은 어떻게 형성되었을까. 이 문제를 생각할 때 앞에서 말한 카를스루에회의의 회의록이 중요한 단서가 된다. 분명히 이 회의에서 이탈리아의 카니차로(S. Cannizzaro, 1826~1910)는 아보가드로의 같은 수 가설을 앙페르[10]—아보가드로의 법칙이라 부르고 이것을 근거로 하여 원자와 분자를 개념상 구별할 수 있다고 주장했다. 그러나 이 주장이 회의의 방향을 결정하는 것은 아니었다. 케쿨레를 비롯한 여러 명의 화학자들은 카니차로가 말하는 분자는 '물리적 분자'에 불과하며, 이것과는 개념상 구별되어 '화학적 분자'가 있다는 견해를 제시하고 있었다.

예를 들면 케쿨레는 다음과 같이 논했다. 분명히 기체 중에는 미소한 단위(즉 물리적 분자)를 가정하는 것은 허용될 수 있다. 그래도 몇 가지 점에서는 문제가 남게 된다. 한편 이것보다 훨씬 확실한 것은 화학반응에 출입하는 물질량에 최소치가 인정된다는 것이다. 이 양은 반응 시 단위가 되지만, 그 자신은 다시 원자까지 분할된다. 원자에 의해 이루는 반응의 단위가 분자인 것이다.

이처럼 케쿨레는 화학반응에 의해 '화학적 분자'를 정의했다. 그런데 여기에서 생각해야 할 것은 이 '화학반응'으로 무엇을 생성하는가 하는 것이다. 케쿨레가 유기화학의 영역에서 연구했던 것을 상기하면, 여기에서 말하는 '화학반응'은 유기화학의 치환반응을 가리킨다는 것이 분명하다. 실제로 근래 유기화학의 연구에서 치환반응의 본질을 어떻게 이해하는가를 둘러싸고 유기화합물의 '구조'개념이 제기되었다.[11] 따라서 케쿨레의 '화학적 분자'의 개념은 분명히 1840년대에서 50년대 걸친 유기화학의 전개, 특히 '구조' 개념과 밀접한 관계를 갖고 있거나 그것을 전제로 하여 성립된 것이다.

케쿨레 등의 유기화학파의 견해만을 받아들여 분자 개념의 형성을 생각하는 것은 일면적인 해석이 될지도 모르므로, 여기서 '물리적 분자'에 의해 분자 개념을 제창한 카니차로에게 눈을 돌려 보자. 잘 알려진 바와 같이 그는 카를스루에회의의 2년 전의 대학 강의록 중에서 앙페르—아보가드로의 법칙을 언급하여 분자 개념을 논했다. 여기에서 간과해서는 안 될 것은 그의 이러한 시도가 분명히 교육상의 배려에서 이루어진 점이라는 것이다.[12] 즉 앙페르—아보가드로의 법칙은 학생들에게 분자라는 개념을 가르치는 방법으로 유효하게 적용되었던 것이다. 말하자면 그에게 있어서 아보가드로의 법칙은 분자 개념의 '발견'이 아니라 '정당화'에 필요한 것이다. 우리는 바로 여기에서 오늘날의 이과 교육에 계승된 '아보가드로=분자론 창시자'라는 신화의 원류를 찾아낼 수 있다.

이러한 점으로 미루어 분자 개념의 형성은 1840년대부터 1850년대까지 유기화학의 전개와 밀접한 관계가 있다고 생각한다. 사실 오늘날의 우리도 분자 개념이 필요한 경우는 유기화합물의 성질이나 행동을 이해하기 위함이 아니었던가. 어쨌든 분자 개념의 성립을 아보가드로부터 논하는 방법은 적어도 화학사 연구의 영역에서는 조만간에 자취를 감추게 될 것이다.

참고문헌과 주

1 이 소론은 졸고 「아보가드로의 1811년 논문의 재검토」, 『化學史硏究』, 1984, p95-107을 기초로 한다.

2 S사, T사의 교과서에는 게이뤼사이 '같은 부피 같은 수 원자'설을 제기했다고 기재했으나, 이것은 근거가 매우 의심스럽다. 게이뤼삭은 그 당시, 돌턴 원자론을 비판하고 있던 베르톨레의 영향 하에 있어서 '원자'라는 개념을 사용했다고 생각할 수 없기 때문이다. 또한 대부분의 교과서는 원자론자라면 누구나 '같은 수 원자'설을 채용한 것같이 적고 있으나 이것도 적절하지 않다. 3.1에서 설명한 바와 같이 원자론자인 돌턴은 이 설을 채용하지 않았다. '같은 수 원자'설을 지지하기 위해서는 원자론의 입장에 부가하여 특정한 열소(熱素)설을 인정할 필요가 있다.

3 A. A. Avogadro, *Journal de Physique, de Chimie et d' Histoire Naturelle*, **73**, 58-76(1811).

4 아보가드로의 1811년 논문의 일본어 번역은 다음과 같다. 완역, 齊藤茂樹 역, 『化學史硏究』, 2호(1974), p.40-50; 초역, 玉虫, 木材, 渡辺 편, 『原典によδ自然科學の步み』, 講談社(1974), p.289-301; 大野陽郎監修, 『近代科學の源流物理學編 I』, 홋카이도대학 도서간행회(1974), p.269-278, 또한 1988년 중에는 새로운 완역(橋本毅彦에 의한)이 출판될 예정이다(『原子論·分子論の原典』, 학회출판센터, 제3권). 이 장의 인용에 사용한 번역은 필자가 책임진다.

5 현재의 입장에서 이것은 분자량의 비를 뜻한다.

6 주1), p.98

7 아보가드로가 살았던 지역은 그 당시 프랑스 문화의 강한 영향 아래에 있었다. 이 점은 최근에 출판된 아보가드로전에 상세하게 기술되어 있다. M. Morselli, *Amedeo Avogadro*, 1984.

8 고댕의 이 논문에 대해서는 이미 일본어 번역이 있다. 齊藤茂樹 역, 『化學史研究』, 6호(1977), p.34-38. 또한 橋本毅彦에 의한 새로운 번역이 주4)에 제시된 『原子論·分子論の原典』과 제3권에 기재하도록 되어 있다.

9 Many Jo Nye(ed.), *The Question of the Atom; From the Karlsruhe Congress, To The First Solvay Conference 1860-1911*(1984), p.5-30. 이 보고서의 번역은 가까운 시일에 『化學史研究』에 투고할 예정이다.

10 A. M. Ampere, 1775~1836, 프랑스

11 유기화학의 '구조' 개념에 대해서는 柏木肇에 의한 다음의 논고를 참조하기 바란다. 일본화학회편, 『化學の原典10一有機化學構造論』, 도쿄대학 출판회(1976), p.157-264.

12 이 점은 다음 논문에서 논하고 있다. N. Fisher, *Hist. Sci.*, **20**, 212-231(1982). 또한 카니차로의 이 강의록은 주9)에 제시한 자료 중에 수록되어 있다.

6.

원자량이 먼저인가 당량이 먼저인가:
19세기에서 현대에 이르는 변천

고시오 겐야(小塩玄也)

도쿄농공대학 농학부 농예화학과 졸업. 도쿄대학
대학원 농예화학 전문과정 수료. 도쿄대학 농학부,
다마카와대학을 거쳐 나마카와대학 농학부 교수.
농학석사. 전공은 생물화학, 화학사, 화학교육.

1. 여는 말: 교과서의 문제점[1]

화학사 상식의 잘못을 바로 잡을 때 중요하고 미묘한 문제 중 하나는 잘못된 상식이라는 것과 그것을 대체할 바른 사실(史實), 해석을 어느 수준에서 잡는가에 있다. 한마디로 상식은 사람에 따라 그 내용에 차이가 있으며, 화학사의 연구는 항상 진보하기 때문이다.

나는 비교적 기초적인 데에 관점을 두고 다른 장과 관련지으면서 당량 개념과 원자량 개념과의 기원과 상극, 성쇄에 대해서 19세기 전반기를 중심으로 거시적으로 다루고자 한다.

'원자 개념과 원자량은 돌턴에 의해 기본적으로 완성되고 이후 화학에 정착하게 되었다.' 다시 말하면, 이것은 종래 교과서에 쓰이고 많은 사람의 상식으로 되어 왔다고 말할 수 있다. 여기서는 돌턴 혼자만이 우뚝 솟아 있고 그 밖의 화학자들은 모두 노선상에서 개량, 완성자로만 취급한다.

카니차로에 의한 아보가드로설의 재인식이 연표 등에 나타나는 일은 있어도 카를스루에회의와 그 이전 19세기 중엽의 원자량 혼란기에 대해 언급한 것은 매우 드물다.

이 공백기와 함께 간과한 것은 다름 아닌 '당량'의 개념과 그 도입 확립자인 울러스턴이다.

고등학교 교과서를 비롯해 많은 교과서에서 당량은 우선 원자량과 원자가를 가르친 후에 아래의 식과 정의를 '원자가 1가의 원자량'으로서 설명하는 것이 상식으로 되어 있다.

$$\text{당량} = \frac{\text{원자량}}{\text{원자가}}$$

그러나 당량은 매우 오래전부터 고교 교과에서 자취를 감추었고, SI 단위의 보급이 있어서 그렇겠지만 산 염기의 중화반응이나 전기분해에 한해 다루어진다. 여기에 대해서는 뒤에 다시 논하고자 한다.

이 식은 화학의 논리적 표현으로서는 그 자체가 옳지만 역사적으로 옳고 그름을 논할 만한 것은 아니다. 여기서는 3자 모두가 평등한 것이 아니라, 이것은 분명히 원자량과 원자가를 전제로 하여 당량을 구하는 식이며, 당량을 가장 새로운 개념으로서 다룬다. 이것은 사전류 등을 제외하고, 원자량=당량×원자가, 원자가=원자량/당량 같은 식을 볼 수 없는 것으로도 뒷받침이 된다.[2]

이러한 당량의 취급이나 원자량의 신구·전후 관계가 모르는 사이에 역

그림 6-1 | W. H 울라스턴(1766~1828)

사의 축에 투영되어 먼저 말한 돌턴 일변도의 원자·원자량 사관과 서로 보강될 것이라는 것을 쉽게 상상할 수 있다. 이와 같이 '우선 원자량이 확립 정착된 후 원자가를 매개로 당량이 출현했다'라는 잘못된 화학사의 상식이 정착된 것이라고 생각한다.

2. 당량 [3]

중량분석은 18세기 후반 블랙을 시초로 점점 확산되었는데 특히 라부아지에의 성공으로 그 의의가 결정적이 되었다. 이것에 수반하여 화합물의 원소 조성과 원소의 상대적 기본 중량의 결정에 대한 관심이 높아졌다고 생각된다. 당량과 원자량도 이러한 소산이라 할 수 있으나, 관심이 높아지는 한편 그 과정은 평탄한 길이 아니라는 것은 화합물 조성의 일정성과 연소가변성을 둘러싼 베르톨레와 프루스트의 논쟁(4장 참조) 하나만 보아도 쉽게 알 수 있다.

2.1 산·염기의 당량

당량 개념이 처음에 산과 염기의 결합비 연구에서 태어난 것은 당량 개념을 중화적정에서 가장 기본적으로 다루는 오늘날의 화학 교육의 실정에 비춰도 매우 흥미 있는 점이다.

영국의 캐번디시(H. Cavendish, 1731~1801)는 이미 1766년에 어떤 산의 일정량을 중화할 때 필요한 염기의 양을 당량이라 불렀다. 또한 벤첼도 소금의 조성에 관한 많은 분석에서 산과 염기가 일정비로 결합하는 것을 확인했다.

산			염기			
플루오르화 수소산	427(HF	500)	반토 (알루미나)	525	$(AL_2O_3$	425)
탄산	577(CO_2	550)	고토 (마그네시아)	615	(MgO	500)
옥살산	755(C_2O_3	900)	암모니아	672	$(NH_3$	425)
인산	979($P_2O_5 \cdot 3H_2O$	825)	석회	793	(CaO	700)
황산	1000*	(SO3 1000) (SO3·H2O 1225)	소다	859	$(Na_2O$ 775) $(Na_2O \cdot H_2O$ 1000)	
질산	1405	$(N_2O_5$ 1350) $(N_2O_5 \cdot H_2O$ 1575)	스트론티아	1329	(SrO	1350)
아세트산	1480 ($C_4H_6O_3 \cdot H_2O$	1500)	칼리	1605	$(K_2O \cdot H_2O$ 1400) $(K_2CO_3$ 1725)	
			중토 (바리타)	2222	(BaO 1913) $(BaO \cdot H_2O$ 2138)	

괄호 속은 화학식을 추정하여 현재의 값으로 계산한 참고 값
*황산을 기준으로 1000이라 했다.

표 6-1 | 피셔가 환산한 리히터의 산과 염기의 당량표

화학량론의 원조로 일컫는 리히터는 이것을 종합적으로 연구하여 1792년에 여러 가지 산 1,000부에 대응하는 몇 가지의 염기량을 측정하여 발표했다.

이것은 리히터의 번잡하고 이해하기 어려운 저서를 독일의 피셔(E.

G. Fischer, 1754~1831)가 요약 소개하여 주목받게 되었다. 피셔는 황산 1,000부를 기준으로 하여 여기에 대응하는 여러 가지 산·염기의 양을 나타냈다. 나아가서 베르톨레(1803)와 토머스 톰슨(1810)의 저서도 널리 알려졌다.

2.2 원소의 당량

'당량'이라는 말을 산·염기의 틀에서 화학 전체에 확장해 널리 정착시킨 것은 울러스턴이다.

그는 1814년에 12종의 원소와 45종의 화합물에 관해 산소=10으로 기준하고, 이것과 화합하거나 대응하는 각 원소의 양을 당량이라 불렀다. 2개 이상의 당량이 있을 경우 그것들은 서로 간단한 정수비의 관계가 있다. 울러스턴은 다음에 설명하는 돌턴의 원자량을 독단적인 가설을 기초로 거의 가공적인 것이라고 해서 심하게 비판하고, 이것에 반해 당량은 분석치만 기초했으므로 확실하고 유용하다고 강조했다. 또한 데이비도 돌턴의 원자를 인정하지 않고 수소=1을 기준으로 하는 일종의 당량을 사용하고 이것을 비율이라 불렀다.

영국의 패러데이(M. Faraday, 1791~1867)가 1833년에 전기분해의 법칙과 전기화학당량을 발견하고, 오늘날 『무기화학편람』으로 유명한 독일의 그멜린(L. Gmelin, 1788~1853)이 그 전신인 『화학편람』에 당량을 채용한 후부터 당량에 대한 신뢰는 더욱 높아지고, 실제로 연구에 종사하는 많은 화학자들이 널리 호의적으로 받아들여 1860년대에 이르러서는 원자량을 누르고 압도적으로 많이 사용했다.

영국에서는 일괄적으로 울러스턴의 당량이 사용되었으며, 독일에서는 한동안 다음에 설명할 베르셀리우스의 원자량을 사용했으나, 그멜린 이후부터는 당량으로 대체되었다. 프랑스에서도 울러스턴의 당량 또는 이것을 약간 수정한 뒤마(J. B. A. Dumas, 1800~1884)의 당량이 사용되었다.

애매한 가정은 포함하지 않고, 분석치와 직결한 당량은 화학을 정량적으로 조직하는 수단으로서 아쉬운 대로 유용했다. 그러나 여기에는 한도가 있어 궁극적인 입자의 보편적 중량이 아닌 당량은 화학식을 일률적으로 정하는 기초가 되지 못했다. 즉 많은 원소는 복수의 원자가를 갖고 있으므로 당량도 2개 이상 존재한다. 어느 쪽을 채용할 것인가를 정하지 않은 채, 각자가 제멋대로 화학식을 사용했다.

이와 같이 처음에는 당량에 의해 혼란을 피할 수 있었으나 나중에는 그 이상의 혼란을 초래했다.

3. 원자량 [3]

3.1 돌턴의 원자량

18세기 말에 물질의 기본입자인 원자의 개념은 17세기 이래 물리학 영향 아래에서 화학자들도 기본적인 흐름으로 받아들였다. 그러나 많은 화학자는 당장 구체적인 문제에 직면하면 화합물의 조성이나 성질을 원자로서 설명하지 않았다. 이러한 중에 돌턴은 기체의 성질에 관한 고찰을 통해 원자 개념을 화학에 연결했다. 그는 라부아지에의 원소마다 다른 원자의 존재를 인정하고, 각각 특성적 중량과 원자량이 있다는 것을 제의했다.

돌턴은 원자 하나하나의 실제 중량을 도저히 측정할 수 없다고 여겨, 수소=1을 기준으로 하여 이것과 화합하거나 혹은 대응하는 각 원소의 중량을 정했다. 그러나 이것은 당량과 같은 것에 불과하다. 원자량을 정하기 위해서는 화합물을 구성하는 원자수의 비, 화학식(조성식)이 필요하다. 그러나 화학식은 원자량을 알아야 구할 수 있다.

돌턴은 이 '닭과 달걀'의 딜레마를 해결하기 위해서 서로 결합하는 원자수의 비는 가장 보편적인 화합물에서 1:1, 이어서 1:2 그리고 2:1, 1:3 그리고 3:1 …과 같은 간단한 정수비를 이룬다는 원칙, 이른바 최대 단순성의 원리를 가정하여 원자의 상대 중량을 산출했다.

게이뤼삭의 기체 반응의 법칙을 받아들여 같은 부피의 기체가 같은 수의 원자를 함유한다는 것을 인정한다면, 이것으로 원자비를 측정할 수 있지만 돌턴은 그렇지 않았다. 그 주요한 이유는 기체의 구조는 원자가 집적된 것이라고 생각하고 기체의 부피는 원자의 크기에 따른다고 생각했기 때문이다.

예를 들면 물을 HO로 O=7(후에는 8에 해당한다), 암모니아를 NH로 하여 N=5(후엔 4.67), 탄소에 대해서는 에틸렌을 CH, 메탄은 CH_2하여 C=5.4(후엔 6)로 구했다. 수치로는 울러스턴이나 후세의 당량과 근사하다고 말할 수 있다. 그러나 탄소의 예에서 보는 바와 같이 수소의 1중량과 결합하는 경우와 그렇지 않은 경우가 있으므로, 각 원소에 유일한 궁극적

중량이 있다는 것을 알게 된다. 그러나 이러한 비(원자가)를 인식하여 원자량과 당량을 관련시키지 않았다. 원자량과 당량이 미분화되었다고 할 수 있다.

돌턴의 원자량에 대해서 울러스턴이 맹렬하게 비판했다는 것은 이미 설명했다. 다른 많은 화학자들에게 있어서도 최대 단순성의 원리 같은 애매하고도 제멋대로인 가정에 의한 원자의 중량보다 당량 쪽이 훨씬 신뢰할 수 있고 또 그것으로 충분했다.

3.2 베르셀리우스의 원자량

뛰어난 분석자 리히터의 영향으로 화합물의 분석과 원소 조성비의 결정에 노력하던 베르셀리우스는 돌턴의 원자량을 알고는 즉시 그 의의를 긍정적으로 평가했다. 그러나 한편으로 돌턴의 원자량이 너무나도 조잡하다고 여겨 그 개선을 의도하게 되었다. 베르셀리우스가 직면한 돌턴 원자량의 결점을 오늘날의 입장에 보면,

   (1) 분석값의 정밀도가 낮으므로 정밀도가 낮다.
   (2) 가정에 근거함으로 필연성이 결여되어 있다.

의 두 가지 점으로 요약할 수 있다. 또한 두 가지가 복합적으로 혼란을 초래하고 있는 원소도 많았다.

첫 번째 문제점은 결국 분석 정밀도를 높이면 괜찮았다. 베르셀리우스

그림 6-2 | J. J. 베르셀리우스(1779~1848)

는 분석법을 연구 개선하여 1808년부터 10년간에 걸쳐 그 재능을 발휘하고 초인적인 노력을 거듭하여, 45종의 원소에 관한 2,000건에 이르는 분석을(오늘날의 분석과도 견줄 수 있는) 경이적인 정밀도로 수행했다. 그는 원자량의 기준으로서 울러스턴이 당량의 기준으로 산소=10을 사용한 것과 같이, 산소를 선택하고 이것을 100으로 했다. 이는 많은 원소가 안정한 산화물을 이루고, 이것이 정밀한 분석에 적합했기 때문이다.

두 번째 문제점은 이론적으로 곤란한 부분이다. 베르셀리우스 역시 화학식과 원자량 간의 딜레마는 돌턴과 같았다.

우선 베르셀리우스는 돌턴과 달리, 게이뤼삭의 기체 반응의 법칙을 인정하고 같은 부피의 단순기체는 같은 수의 원자를 함유한다고 생각해(화합물분자에 대해서는 그것이 구성원자보다 크다는 점에서, 같은 수도 같은 부피가 된다는 것을 인정하지 않았다), 수소, 질소, 염소 등의 원자량을 정했다. 물, 염화수소, 암모니아의 화학식은 각각 H_2O, HCl, NH_3로 했다. 그는 이것들을 비슷한 원소로 확장했다. 예를 들면 H_2O에서 황화수소 H_2S라는 식을, 또한 셀렌화수소, 텔루르화수소에 각각 H_2Se, H_2Te의 식을 부여했다. 그러나 이것으로 정해지는 원자량은 그리 많지 않았다.

염을 구성하는 산과 염기의 산소수비도 이용했다.

예를 들면 황화납을 질산으로 산화시켜 황이나 납의 출입 없이 그대로 황산납이 되었을 때, 여기에 함유된 산소의 양이 산화납의 4배인 것으로 황화납을 PbS, 산화납을 PbO로 하면 황산납은 $PbO \cdot SO_3$가 되어 황산에 SO_3의 식이 주어진다. 그러나 이 방법에서도 수에는 한계가 있었다.

더욱이 많은 경우를 처리하기 위해서는 일반적인 규칙을 가정할 필요가 있었다. 그 가정은 돌턴보다 다양하고 때에 따라 여러 가지로 수정되었다. 흔히 A와 B의 화합물에 대해 그 원자비는 1:1, 1:2, 1:3, 1:4, 1:5, …가 된다고 생각했다. 한때는 1:3 또는 1:5 이상을 생각하는 것은 잘못이라고 했다. 하지만 2:3, 2:5 등의 비는 생각할 수 있었다. 금속산화물은 금속의 종류에 따라 많이 변하지 않고, 대부분 1:2 또는 1:3이었다. 특히 산화철, 산화알루미늄에 대해서는 일찍이 Fe_2O_3, Al_2O_3로 했다. 이러한 비는 산(산성산화물)과 염기(금속산화물)의 결합에도 적용되어, 예로 탄산칼슘은 1:1로 $CaO \cdot CO_2$로 했다.

이와 같이 구한 베르셀리우스의 초기(1814, 1818) 원자량 표에서는 그 정밀성은 고사하고, 바른 원자량의 2배에 해당하는 것이 많고 4배의 것도 볼 수 있다. 그 후 1819년에 2개의 새로운 방법이 첨가되었다.

3.3 원자열과 동형률

두 사람의 프랑스 화학자 뒬롱(P. L. Dulong, 1785~1838)과 프티(A. T. Petit, 1791~1820)는 모든 개개의 원자가 같은 비열을 갖는다는 생각을 기초로 고체 단위의 비열과 원자량과의 곱이 일정한 값이 된다는 것을 증명하고 이것을 '원자열'이라 부르고 약 6(cal/mol·℃)의 값을 부여했다. 이것을 사용하면 원자량을 구하는 데 당량을 몇 배로 할 것인가를 즉시 알게 된다.

당시 당량이 전성기를 이루었던 프랑스학회에서 이러한 연구를 발표했다는 것은, 그 값을 6으로 했다는 것과 함께 그들의 신념에 근거한 것이다. 그들이 이것으로 구한 원자량은 베르셀리우스의 값의 절반에 해당하는 것이 많았다. 베르셀리우스는 이것을 절대적으로 믿은 것은 아니지만, 계속 몇 가지의 금속화합물의 식을 MO에서 M_2O로 고치고 원자량을 절반으로 정정했다.

독일의 미처리히(E. Mitscherlich, 1794~1863)는 화합물의 조성과 결정형 사이의 대응 관계에 대한 그때까지의 지식을 더욱 발전시켜, 많은 화합물에 대해 동일 형식의 화학식과 결정형을 갖는 것을 '동형률'로 정의하고, 이것이 원자량의 계산에 유용하다는 것을 제시했다.

예를 들면 셀렌산칼륨이 황산칼륨과 동형률이란 것에서 같은 모양의 화학식을 부여하고 황의 원자량 32에서 셀렌의 원자량을 79로 결정했다.

베르셀리우스는 이것을 채택했다. 예를 들면 크롬산염이 황산염과 동형인 점에서 크롬산을 CrO_3로 하고 산화제이크롬이 산화철 Fe_2O_3, 산화알루미늄 Al_2O_3과 동형인 점에서 산화제이크롬을 CrO_3에서 Cr_2O_3로 고치고, 크롬의 원자량을 절반으로 하는 등 많은 원자량을 절반으로 정정했다.

이렇게 해서 베르셀리우스의 1826년의 원자량표의 값은 거의 대부분 오늘날의 원자량과 같다. 그러나 나트륨·칼륨·은 등 소수의 것은 2배인 채로 남아 있다.

종래의 화학책에서는 자주, 원자열이나 동형률에 의해 마치 오늘날 속 일성을 기초로 얻은 분자량에 의해 조성식에서 분자식을 결정하는 것처럼 다른 방법으로 구한 원자량에 의하지 않고 독자적으로 당량에서 원자량을 결정할 수 있는 것처럼 쓰인다. 그러나 이러한 법칙은 어떤 원자량이 있으므로 비로소 알게 된 것은 분명하다. 그러나 돌턴 이래의 딜레마를 근본적으로 극복하는 것은 아니다. 예를 들어 뒬롱이나 미처리히가 전면적으로 베르셀리우스의 초기 원자량에 의존했다면 베르셀리우스의 원자량은 끝까지 현재의 2배라고 생각할 수 있다. 이러한 방법이 확실한 기초 위에서 사용할 수 있게 된 것은 19세기 말에 원자량 개념이 확립되어 대다수의 원자량이 확정된 다음에 발견된 원소의 원자량이다. 당시 당량을 사용하는 많은 화학자들의 입장에서 본다면, 독단적인 가정의 영역을 벗어날 수 있는 것은 아니었다.

이러한 시각에서 보면 베르셀리우스의 초인적인 노력과 당시 유럽 최고의 화학자로 일컬어진 그의 권위에도 불구하고, 그 원자량이 수용되지 않은 이유를 이해할 것 같다.

4. 원자량의 확립·원자가

1826년의 베르셀리우스의 원자량표에 대해 소개하는 많은 화학책의 소개 방법은 각각 다르다. '그의 원자량은 고의적인 가정에 의한 것이므로 당시의 많은 화학자들은 받아들이지 않았다'라는 것을 언급하지 않고 '그는 소수의 예외를 제외하고는 오늘날의 원자량과 거의 같은 원자량을 결정하는 데 성공했다'라고만 기술했다. 이처럼 일방적인 찬양은 오늘날의 화학적 인식을 시대를 거슬러 올라가서 역사 속에 조명하는 것에 의해 사실(史實)을 그릇되게 한다고 볼 수 있다.

이러한 베르셀리우스도 교과서의 역사 기술이나 연표에서 돌턴에 비하면 분명히 낮은 위치에 놓여 있다. 역사를 묘사할 때, 그 전환점을 이룬 이론이나 법칙의 정립자가 표면에 나타나는 것은 당연하다. 그러나 '이론은 실험 사실에 근거하여 수립된다'라는 경험론적·귀납적 과학관이 지배적이고 다른 한편에서는 돌턴과 같은 가설 제창자가 찬양받는 것은 무리이다. 돌턴은 자신이 하지 않았던 일까지도 그의 이름을 떨치고 있는 셈이 된다. 이 책에서도 이미 지적하고 있는 여러 문제점과 함께, 여기에도 '상식의 오류'를 관찰할 수 있는 메커니즘을 보는 듯하다.

그런데 원자량이 널리 인정되고 당량과 원자량의 대립 혼란 상태가 끝나게 된 것은 1858년에 카니차로가 아보가드로의 가설에 입각하여 합리적으로 원자량의 산출을 발견하고, 1860년에 카를스루에 국제회의 석상에서 이것을 제시한 것이 동기가 되었다. 그다음부터 점차 화학자들이 받아들인 결과이다.

돌턴의 원자량 (H=1)	울러스턴의 당량 (H=1로 환산)	베르셀리우스의 원자량 (O=12로 환산)		그멜린의 당량	카니차로의 원자량 (H=1)	현대의 4가 원자량 ($C^{12}=12$)
1810	1814	1818	1826	1827	1860	1985
H	1	1	1.00	1.00	1	1	1.008
C	5.4	5.7	12.05	12.25	6	12	12.01
N	5	13.3	12.36	14.16	14	14	14.01
O	7	7.6	16.00	16.00	8	16	16.00
Na	21	22	93.09	46.54	23.3	23	22.99
Mg	10	11.1	50.68	25.34	12.1	24	24.31
P	9	13.2	62.77	31.38	16	31	30.97
S	13	15.7	32.19	32.19	16	32	32.07
K	35	37.2	156.77	78.39	39.2	39	39.10
Ca	17	19.3	81.93	40.96	20.5	40	40.08
Fe	50	26.1	108.55	54.27	28	56	55.85
Cu	56	30.3	126.62	63.31	32	63	63.55
Zn	56	31.1	129.03	64.52	32.2	65	65.39
Sr	39	40.1	175.14	87.56	44	87.5	87.62
Ag	100	102.3	432.51	216.26	108	108	107.9
Ba	61	65.8	274.22	137.10	68.6	137	137.3
Hg	167	95.1	405.06	202.53	101	200	200.6
Pb	95	98.1	414.24	207.12	104	207	207.2

표 6-2 | 19세기 여러 화학자의 당량, 원자량의 비교(발췌)

또한 원자가의 개념은 1850년대 주로 유기화학자들에 의해 기형설(基型說)에서 구조식으로 발전하는 과정에서 제출된 것이다. 1852년에 영국의 프랭클런드(E. Frankland, 1825~1899)의 '결합능력'에서 1857년 케쿨레의 '원자도'를 거쳐 원자가 표에 의해 구조식을 쓸 수 있게 되었다. 당량을 당량으로서 다루는 한 그 결합 능력은 항상 1이어서 원자가의 개념은 생기기 어렵다. 원자가는 이러한 뜻에서 유기화학자들이 원자량을 전제로 한(예컨대 실제로는 수치로서 당량을 대신 쓰는 경우라도) 것으로부터 생겨난 것이다.

오늘날 원자가가 원자량의 당량에 대한 배수인 점을 생각하면 왜 베르셀리우스의 원자량과 울러스턴의 당량이 병존하고 있던 19세기 중기에 원자가가 출현하지 않았는지 의심스럽다. 그러나 당시의 당량은 1종의 원자량, 원자의 실재를 인정하지 않는 입장에서의 원자량 대체물이다. 이것들이 서로 대립하여, 원자량을 사용하는 사람은 당량을 인정하지 않고, 당량을 채용한 사람은 원자량을 받아들이지 않는 상태는 원자가 개념이 생겨날 상황이 아니다. 이러한 점에서 당시의 당량은 오늘날의 당량과는 약간 뜻이 다르다는 것에 유념할 필요가 있다.

5. 오늘날의 문제

처음에 언급한 것같이 오늘날의 고교 화학 교과서에서 당량은 자취를 감추어 버렸다. SI의 방침으로 봐서는 잠정적으로 사용되고 있는 산·염기의 당량도 조만간 없어지게 될 것이다. 따라서 이러한 상황이 승인된다면 내가 이제까지 설명해 온 것은 화학사 교육은 고사하고 현대 화학 교육에도 무용지물이 될 것이다.

그러나 다시 말하면 이것이야말로 최대의 '상식의 오류'가 될 수 있다. 그 까닭은 화학이 인류 공동의 재산이며 국제적 결정을 존중하는 데 인색해서는 안 될 일이지만 그 속에서 화학 교육 연구의 자유를 보유하는 것도 중요하기 때문이다.

'19세기 중엽까지 당량이 주류를 이루었던 것은 원자의 실재가 불확실했기 때문이며, 이것이 확실해진 오늘날에는 원자량이 당량을 대체하는 것은 당연'하다는 의견은 그럴듯하게 들린다. 그러나 이것은 실험과 직결된 당량 자체의 절대적인 의의나 유용성은 변하지 않았다. 한때는 대립상태에 있던 원자량과 당량이 원자가를 매개로 하여 통일조화를 이뤄 현대에 이르렀다는 사실을 간과했기 때문이라고 할 수 있다. 더욱이 전자가 발견되고, 원자의 바깥 전자껍질의 배치가 해명되었으며, 화학결합에서 전자의 역할이 밝혀지고 원자가의 실체적 의미가 명백해진 것은 이른바 '전자 1개당의 원자량'으로서 당량의 필연성을 강화했기 때문이다. 특히 이온에 대해서 말하면 앞에서 거론한 패러데이의 전기화학 당량 발견에 미친 영향과 같은 것이다.

오늘날의 당량의 쇠퇴는 오히려 앞에서 말한 당량의 시대를 무시 혹은 경시하여 돌턴에서 현대까지 일직선으로 연결해 버린 잘못된 역사 인식의 산물은 아닐까.

역사를 떠나서 오늘날의 논리로서 볼 때 '당량이 없어도 원자량과 원자가가 있으면 화학의 이론에 지장이 없다'라고 하면 분명히 맞다. 그러나 '없어도 좋다'는 '있는 것이 좋다'는 것을 부정하는 것이 아니므로 세 가지가 정립해야 비로소 논리가 완결된다고 볼 수 있다. 이것은 질량·부피·밀도·전류·전압과 저항 등 다른 보기에서도 똑같이 말할 수 있다.

또한 당량과 더불어 '원자가'도 "캠스화학"을 비롯하여 점차 퇴행하고 있는 것에 주목한다. 그 이유는 이 말의 내용이 공유원자가, 이온가, 산화수, 배위수 등으로 다양화되어 애매하게 되었기 때문이다.[4] 분명히 원자가는 물질은 모두 분자로 이루어졌다는 것을 막연하게 믿었기 때문에 화학결합, 특히 공유결합과 이온결합의 차이가 그다지 중요시되지 않고 무기화합물의 조성식도 분자식에 기초하여 다루어졌던 1910년대 이전에 대표적으로 사용했던 개념이라고 할 수 있다. 그 이후 화학의 진보, 특히 무기화합물 구조의 다양성에 대한 해명은 곧 교육의 장에 도입하여 물질의 이해를 현저하게 넓혔다. 그러나 원자가와 같은 소박한 통일 개념이 희박해짐으로써 화학을 통일적으로 이해하는 일이 어려워졌다. 또 다른 면에서는 그램원자, 그램분자, 그램이온 등의 다양한 용어가 '몰' 한 가지로 통합된 예도 있으므로 원자가도 총괄적인 뜻을 부여하는 것도 가능할 것이다.

또한 오늘날의 몰은 $Al_{1/3}$, $Ca^{2+}_{1/2}$, $(H_2SO_4)_{1/2}$, $(H_3PO_4)_{1/3}$ 등도 정의할 수 있어서, '그램당량'은 분명히 몰 속에 포함되어 있다. 그렇다면 당량, 그램당량이라는 말도 인정하므로 다른 것을 다른 말로 구별하는 것이 혼란을 극소화한다고 말할 수 있다.

화학 교육에서 완전히 전달식 방법에 의존하여 기정사실로서의 원자량을 부여하고, 그 위에 논리를 수립하고자 하는 한 당량은 필요 없을지도 모른다. '여분의 것이 없어서 편하고 좋다'는 소리가 있는 것도 사실이다. 반면 당량을 배운 젊은 세대를 포함하여, 당량을 이해하는 데 유효한 체험을 이야기하고, 당량 없는 화학 교육의 성립을 위험시하는 시각도 있다. 이것은 화학 교육이 논리만으로는 구성될 수 없다는 것을 뜻하는 것이다. '원자, 원자량의 일변도', '뜻도 모르는 번잡한 계산'이라는 문과 학생들의 말들이 납득될 것 같다.

또한 다소나마 계발적, 발전적 방법을 채택하여 학생의 체험·질문·실험을 중요시한다면 반응물질의 양적 관계로부터 원자량에 이르는 이해의 과정에서 당량이 필요하고 유용하다는 것을 쉽게 짐작할 수 있다. 학생 한 사람 한 사람의 학습인식의 과정이 역사의 흐름을 추적할 수 있다는 것을 생각하면 더욱더 그렇다. 적어도 원자·원자량이 사실이라 해도, 이것이 학생들에게 자동적으로 기정사실화된 것을 뜻하는 것은 아니다.

당량과 원자가의 취급은 앞으로 화학 교육 연구의 과제라고 볼 수 있다.

참고문헌과 주

1 고교 화학 교과서는 다음의 12점을 참조했다.

종별	출판사	연도	종별	출판사	연도
① 구Ⅰ·Ⅱ	D도서	1948	⑦ 신간	S서원	1986
② B	T서적	1973	⑧ 신간	K	1986
③ 신Ⅰ·Ⅱ	T서적	1974	⑨ 신간	T서적	1986
④ 신Ⅰ·Ⅱ	D도서	1974	⑩ 신간	D도서	1986
⑤ 신Ⅰ·Ⅱ	S출판	1977	⑪ 신간	E도서	1987
⑥ 신간	S출판	1986	⑫ 신간	D사	1987

②⑦⑧의 3점은 역사적 기술이 전혀 없다. 다른 것은 본문, 인명초상, 각주, 연표 등의 형식을 포함한다. 그중에서 ⑤⑥⑨⑩의 4점이 베르셀리우스를 다루고 있다. ⑥⑪만이 카니차로와 1860년의 국제회의를, ⑪은 다시 원자량의 혼란을 언급하고 있다. 원소의 당량은 ①②에서 볼 수 있다. 산·염기의 당량은 모든 교과서가 다루고 있다. ⑥⑨⑫는 전기분해 법칙에 당량을 사용하지 않았다.

2 片山正夫,『化學本論』, 內田老鶴圃(1916), p.34~41.에는 원자량→당량→원자가의 순으로 도입되어 원자가=원자량/당량의 형식을 취하고 있다.

3 주로 Ihde, 鎌谷·籐井·藤田 역,『現代化學史 Ⅰ』, みすず書房(1978); Spronsen, 島原運三 역,『周期系の歷史, 上卷』, 三共出版(1978)를 참고로 했다. 또한 籐井淸久,『化學史研究』, 16호(1981), p.29의 머리말은 이 장의 주제에 대한 간결하고도 뛰어난 해설이다. 졸저,『化學史によゐ基礎化學』, 開成出版(1978)에도 해당 기술이 있으나 부분적으로 약간의 정정이 요구된다.

4 奧野, 白井, 塩見, 大木 역,『ケムス化學』, 共立出版(1965), p.274.

7.

요소의 합성과 생기론:

뵐러의 요소합성은 생기론을 타파했는가

타케바야시 마쓰지(竹林松二)

도쿄대학 이학부 화학과 졸업. 오사카 고등학교,
오사카대학 교양부, 긴키대학 이공학 부교수를 역
임. 오사카대학 명예교수. 이학박사. 전공은 유기
반응 메커니즘, 화학사.

1. 여는 말

독일의 화학자 뵐러(F. Wöhler, 1800~1882)에 의한 요소의 합성과 생기론에 대해 고등학교 화학 교과서를 보면 다음과 같이 기술된다. 예를 들면

1) 1828년 뵐러의 무기화합물로 생각되었던 시안산칼륨과 황산암모늄에서 유기화합물인 요소를 생성했다. 이것이 생명의 힘에 관계없이, 실험실이나 공장에서 유기화합물을 합성하는 **시작**이다: 고등학교 교과서『화학』, J사, 굵은 글씨는 필자, 이하도 같음.

2) 뵐러는 무기화합물인 시안산암모늄 NH_4OCN에서 유기화합물인 요소 $CO(NH_2)_2$를 합성하여 유기화합물도 인공적으로 만들수 있다는 것을 발견하여 생명력의 가설을 **부인했다**(1828): 고등학교 교과서『화학』, S사

비슷한 기술은 이제까지 유기화학에 관한 일반 서적에서도 볼 수 있으며, 예를 들어 N사의 책에는

「뵐러의 요소합성은 실로 유기화학의 하나의 신기원을 이룩한것으로, 종래 유기화합물은 생활 능력이 있는 생물 이외의 것으로부터 생성할 수 없다고 믿었던 설은 이것으로 인해 근본부터 **타파되었던** 것이다.」

그림 7-1 | F. 뵐러(1800~1882)

라고 기술하고 있다.

과연 뵐러의 요소합성이 최초의 유기합성일까. 또한 이 합성에 의해 생기론이 타파되고 생명력에 대한 생각이 일시에 화학계에서 추방되었을까. 이러한 점에 대해 문헌에 근거하여 검토해 보기로 하자.

2. 생기론

17세기 말까지 화학자의 관심은 거의 광물계에서 산출되는 무기물에 한정되었다. 18세기에 이르러 동·식물계에서 포도당·설탕·요소·옥살산·타르타르산 등의 유기물이 발견되었는데 그것은 주로 의사나 약제사들의 공헌에 의한 것이었다.[1] 이러한 유기물은 무기물에 비해 대체로 타기 쉽고, 변하기 쉬워서, 순수한 상태로 얻기가 매우 곤란했다. 그밖에 당시의 유기물에 대한 원소분석은 무기분석과 달리 일반적으로 곤란했다.

당시 널리 보급된 생기론에 의하면 생물의 체내에는 초자연적인 힘, 즉 '생명력'이 머물 것으로 여겨졌으며, 이 생명력이 생물의 체내에서 생성되는 물질을 지배하므로 유기물은 무기물과 전혀 다른 것으로 믿었다.

1797년 독일의 그렌(F. A. K. Gren, 1760~1798)은 그의 저서『화학의 기초』[2]에서 동식물에서 얻어지는 유기물을 다루고, '유기물은 동·식물의 체내에 존재하며 인공적으로 만들 수 없는 물질이다'라고 생각했다.

또한 스웨덴의 베르셀리우스는 1806년에 의화학의 교과서『동물 화학』제1권을 간행하고 처음으로 '유기화합물'이나 '유기화학'이라는 말을 사용했는데, 그도『화학교과서』, 제1권(1808)[3]에 다음과 같이 기술하고 있다.

「유기화합물은 소수의 한정된 원소로 이루어지며, 이들 원소는 유기성분 중에서 생명력의 영향으로 연결되어 있다. 따라서 유기 화합물은 화학의 특수과제이다…」

이러한 사정으로 당시 유기화합물은 생명력의 작용에 의해서만 만들어지며, 인공적으로 그 구성원소에서 직접 합성하는 것은 불가능하다고 믿었다.

이것에 반해 유기화학의 아버지라고 부르는 프랑스의 슈브뢸(M. E. Chevreul, 1786~1889)은 1824년 유기합성의 가능성을 예견하고, '유기화합물과 무기화합물의 구별이 장래에도 절대불변이라고 보는 것은 과학적 정신에 거역한다'라고 생각하고,

「무기화합물과 구별하여 인식되는 물질(유기화합물)을 생명력만으로 생성한다고 생각하는 것은 틀렸다.」

라고 주장했다.[4]

3. 요소의 합성

3.1 뵐러에 의한 요소합성

유기화합물이 생명력에 의하지 않고도 인공적으로 무기화합물에서 만들어진다는 사실을 보여준 것은 뵐러이다. 뵐러는[5] 프랑크푸르트에서 가까운 에쉐르스하임에서 태어났다. 처음에 의학을 공부하기로 하고 1802년 마르부르크대학에 입학했으나 여기서는 화학 실습을 할 수 없으므로 일 년 후 하이델베르크대학으로 옮겨, 화학자 그멜린의 연구실에서 화학을 배웠다. 당시 그멜린은 독일의 의학자 티데만(F. Tiedemann, 1781~1861)과 공동으로 화학 생리학의 연구에 종사했으므로 티데만에게도 지도를 받았다.

1823년, 뵐러는 「물질의 인뇨이행에 대하여」라는 제목의 연구로 의학학위를 취득했다. 그러나 그멜린의 권고에 따라 화학으로 전향하여 그 해 가을에 스톡홀름에 있는 베르셀리우스의 문하생이 되었다. 불과 1년 동안 있었으나 그는 은사 베르셀리우스와 평생의 친교를 맺었다. 귀국한 다음 해(1825) 그는 베를린의 공예학교에서 화학과 광물학을 가르치고

그림 7-2 | G. E. 루엘(1703~1770)

1831년에 카세르로 옮겨 공예학교에서 교사로 근무했다. 그리고 1836년에 괴팅겐대학의 화학교수로 초빙받고 평생 동안 그 위치를 유지했다.

뵐러가 요소를 합성한 것은 베를린 시절의 일이다. 학생 시절부터 시안화합물에 관심이 깊었던 그는 1824년에 프라우트(W. Prout, 1785~1850)[6]가 요소에 부여한 실험식(CH_4ON_2)과 시안산 암모늄에서 예상했던 식이 동일하다는 데 주의를 기울이고 요소의 이성질체로서의 시안산암모늄을 얻기 위해 1828년에 이것의 생성에 착수했다(시안산과 뇌산이 서로 이성질체의 관계가 있다는 것은 1825년 뵐러와 리비히에 의해 확인되었다).

그는 시안산은에 염화암모늄의 수용액을 가하여 가열하거나 시안산납과 암모니아수의 혼합물을 가열하여 백색 결정상의 물질을 얻었다.[7] 이 물질은 수산화칼륨이나 수산화칼슘의 수용액으로 처리해도 암모니아를 발생하지 않고, 이 물질의 수용액에서 시안산의 은염이나 납염이 침전하지 않는 것 등을 미루어 생성물은 시안산암모늄이 아니라고 판단했다. 한

1733	루엘: 소변에서 요소를 발견하고 가열분해로 이산화탄소와 암모니아가 생성된 것을 확인했다.
1798~1799	프랑스의 후르크로와(1755~1809)와 보클랭(1763~1829) : 요소를 결정으로서 분리했다.
1820	프루스트: 요소의 질산염을 탄산납과 처리하여 요소를 순수한 결정 상태로 얻었다.

표 7-1 | 요소의 발견과 분리

편 질산과 결합하여 질산염을 생성하는 것이나, 연소 결과 생성된 질소와 이산화탄소의 부피비 등은 프루스트나[8] 프라우트가 말하는 요소의 성질과 같으며 원소분석 결과도 프라우트가 실시한 요소의 분석치와[6] 일치했다. 이러한 결과로 뵐러는 생성물이 요소와 동일물질이란 것을 확인했다. 요소는 1773년에 프랑스의 루엘(G. F. Rouelle, 1703~1770)에 의해 소변에서 발견되었다(표 7-1).

오늘날에는 이 요소의 생성과정을 다음과 같이 설명하고 있다.[9]

시안산은과 염화암모늄의 반응으로 용액에 암모늄이온과 시안산이온

$$AgOCN + NH_4Cl \rightarrow AgCl + [NH_4]^+ + [OCN]^- \qquad (1)$$

$$[NH_4]^+ + [OCN]^- \rightarrow NH_3 + O=C=NH \qquad (2)$$

$$NH_3 + O=C=NH \rightarrow \begin{bmatrix} H \\ | \oplus \\ H-N-H \\ | \\ O=C-NH \\ \ominus \end{bmatrix} \rightarrow O=C \Big\langle \begin{matrix} NH_2 \\ NH_2 \end{matrix} \qquad (3)$$

이 생성되면[반응식(1)], 앞의 것을 산으로서, 뒤의 것은 염기로서 작용하고 플로톤(H^+)의 이동으로 암모니아와 이소시안산으로 변한다[반응식(2)]. 암모니아분자가 그 질소원자로 이소시안산의 탄소원자에 배위하여, 분자 내에서 H^+가 이동하여 요소를 생성한다[반응식(3)].

이 (3)의 단계가 주반응이라는 것은 아닐린과 이소시안산페닐에서 N, N′—디페닐요소가 생성되는 것으로도 증명된다.

3.2 뵐러의 요소합성이 최초의 유기합성인가

이보다 4년 전인 1824년에 뵐러는 진한 암모니아수에 시안가스 [$(CN)_2$]을 작용시켜 옥살산과 백색 결정성물질을 얻었다.[10] 그러나 당시 옥살산은 C_2O_3라는 조성의 무기물로 생각되어 세 분자의 물과 결합하는 ($C_2O_3 \cdot 3H_2O$)로 여기고 있었다.[11] 또한 생성된 백색 결정이 요소라는 것은 1828년에 이르기까지 확인되지 않았다. 그러나 미국 클라크대학의 워런(W. H. Warren)은 뵐러의 최초의 요소합성은 사실상 1828년이 아니고 1824년이라고 주장하고 있다.[12]

먼저 설명한 반응은 다음과 같은 식으로 나타낸다.[13]

$$
\begin{array}{ccccccc}
CN & & & & COOH & & \\
| & & +4H_2O & \longrightarrow & | & & +2NH_3 \\
CN & & & & COOH & &
\end{array}
$$

$$
\begin{array}{ccccccc}
CN & & H & & NH_3 & & CN \cdot NH_4 \\
| & + & | & + & & \longrightarrow & + \\
CN & & OH & & NH_3 & & OCN \cdot NH_4 \longrightarrow OC(NH_2)_2
\end{array}
$$

또한 영국의 존 데이비(J. Davy, 1790~1868, H. Davy의 동생)는 1812년
에 일산화탄소와 염산의 혼합물에 일광을 조사하여 새로운 기체물질(현재
의 포스겐)을 얻고, 그 성질을 조사하기 위해서 암모니아를 작용시키면 백
색의 결정을 얻었다. 그는 이것을 '중성의 염'이라 생각했으나,[14] 이것도
실은 요소였던 것이다.

$$CO+Cl_2 \xrightarrow{\text{일광}} OCCl_2$$
$$OCCl_2+2NH_3 \longrightarrow OC(NH_2)_2+2HCl$$

이와 같이 1828년 이전에도 유기화합물의 합성은 사실상 이루어졌다.

4. 뵐러의 요소합성은 생기론을 타파했는가[15]

3.1에서 설명한 바와 같이 뵐러의 요소합성은 그가 전혀 예기치 않았
던 일이었다. 이러한 결과에 대해 뵐러는 은사인 베르셀리우스에게 편지
(1828년 2월 22일)를 보내 다음과 같이 말한다.[16a]

「콩팥 없이, 사람도 개도 없이 요소를 만들 수 있게 되었습니다.
시안산은과 염화암모늄, 또는 시안산납과 암모니아수에서 얻어지
는 시안산암모늄은 요소인 것입니다. (중략) 이처럼 요소를 인공적
으로 얻었다는 것은 무기물에서 유기물이 만들어질 수 있다는 보

기가 될 수 없을까요. 걱정되는 것은 시안산(암모니아)을 얻기 위해서 항상 출발물질은 유기물을 갖고 있어야 한다는 것입니다. 자연철학자들은 말할 것입니다.[17] 동물재나 그것으로 생기는 시안화합물이라도 그것들은 아직 '유기성'이 완전히 소멸되지 않았으므로, 그러한 물질에서 다시 유기물이 생겨나도 이상할 것이 없다고….」

뵐러는 그의 요소합성을 주목할 만한 사실로 인정했으나 한편으로 이 문제에 회의적이기도 했다. 이 편지에 적혀 있는 바와 같이 뵐러는 시안산염을 얻기 위해서는 출발물질로 유기물이 있어야 한다고 생각했다. 당시, 시안산염의 근원인 시안화칼륨은 동물의 혈액이나 뿌리 등을 사용하여 만드는 황혈염 $K_4Fe(CN)_6$을 원료로 했다. 즉, 생명력에 의해 생긴다고 생각한 물질에서 출발한다는 점이 마음에 걸렸던 것이다(뵐러도 같은 시대의 사람들도 1783년에 스웨덴의 셸레가 염화암모늄과 탄산칼륨을 동물재뿐만 아니라 광물의 흑연과 함께 가열하여 시안화칼륨을 만든 사실은 간과하고 있었다).[18] 또한 암모니아만 해도 당시 동식물 단백질의 분해물질이 아닌가 하고 반론한 화학자도 있었다.

이러한 이유로 뵐러는 그의 요소합성은 무기물로부터 합성이 아니라는 일부 사람들의 주장을 인정하고 생기론의 믿음을 굳이 부정하고자 하지 않았다. 근년에 브루크는 이러한 뵐러의 태도가 1828년 이후 생기론의 지속을 조장했다고 기술하고 있다.[15f]

뵐러의 업적에 대해 베르셀리우스는 '중요하고도 멋진 발견'이라 하여 뵐러에게 축사(같은 해 3월 7일)를 보냈으나[16b] 뵐러의 실험이 구성원소로부터의 합성이 아니므로 이것을 원료물질로의 전환으로 보지 않았고 생기론의 생각을 부정하지 않았다. 뵐러와 같은 시대의 프랑스의 뒤마나 독일의 리비히(J. von Liebig, 1803~1873)도 호의적으로 평가했으나 이 요소합성이 생기론의 소멸을 말하는 것이라고 주장하지 않았다.

리비히는 뵐러의 실험에서 우선 시안산암모늄이 생성되고 이것이 요소로 전환하는 것으로 보고, 이 반응의 특수성으로 1837년, '요소류와 비슷한 물질은 많이 존재하나, 그러한 것들도 곧 장래에는 인공적으로 생성될 것이다'라고 기술하고 있다.[19]

그 후 1845년 뵐러의 제자인 독일의 콜베(A. W. H. Kolbe, 1818~1884)는 다음의 반응 과정을 거쳐서 아세트산을 합성하여 유기화합물과 무기화합물과의 사이에는 경계선을 그을 수 없다고 주장했다.[20]

$$C + 2S \longrightarrow CS_2$$
$$CS_2 + Cl_2 \longrightarrow CCl_4 + S_2Cl_2$$
$$2CCl_4 \xrightarrow{\text{열}} C_2Cl_4 + 2Cl_2$$
$$C_2Cl_4 + Cl_2 + 2H_2O \xrightarrow{\text{일광}} CCl_3COOH + 3HCl$$
$$CCl_3COOH + 3H_2 \longrightarrow CH_3COOH + 3HCl$$

그럼에도 불구하고 생기론은 일부 사람들의 머리에서 떠나지 않았다. 그것은 유기화합물의 구조와 그 이론이 아직 밝혀지지 않았기 때문이었다. 생기론의 믿음이 화학자의 머리에서 사라지게 된 것은 19세기 후반에 이르러 케쿨레, 쿠퍼, 부틀레로프 등의 사람들에 의해 화학 구조의 기초를 이룬 다음의 일이다.

1858년, 독일의 케쿨레는 (1) 탄소원자가 4가일 것 (2) 탄소원자는 서로 결합할 수 있다는 것을 지적하여[21] 유기화합물을 구성하는 원자의 배열 양식을 고안하는 일의 중요성을 강조했다. 같은 시기에 영국의 쿠퍼(A. S. Couper, 1831~1892)도 케쿨레와 같은 생각에 이르러, 1858년에 유기화합물을 나타내는 근대적인 구조식(단 O=8)을 제시했다.[22] 또한 러시아의 부틀레로프(A. M. Butlerov, 1828~1886)는 1861년에 탄소원자의 4가 개념을 받아들여 물질의 화학 구조를 판정하기 위해서는 그 물질을 합성하는 연구가 최선이며, 분해반응도 유효하다고 주장했다.[23]

이러한 사람들에 의해 화학 구조의 기초가 확립되고 이것에 입각한 유기합성의 관심이 높아져, 많은 화학자들이 유기화학에서 많은 성과를 올렸다.

5. 닫는 말

이상에서 설명한 것을 다음과 같이 요약할 수 있다.

(1) 뵐러의 요소합성은 최초의 유기합성이 아니고 이 합성에 의해 일시에 생기론의 믿음이 사라진 것도 아니다.

⑵ 뵐러는 요소합성에 의해 생기론을 부정하려고 하지 않았다. 그의 업적은 합성으로 무기화합물과 유기화합물을 구별하는 것은 이미 무의미하다는 화학자들의 이해를 돕는데 기여했다.

⑶ 생기론이 사라지게 된 것은 19세기 후반에 이르러 화학 구조의 기초가 확립된 후 이것에 입각하여 유기합성의 가능성을 일반 화학자들이 이해할 수 있었기 때문이다.

참고문헌과 주

1 C. Graebe, *Geschichte der Organischen Chemie,* Springer, Berlin, 1920; 都築洋次 역, 『化學教育』, 12권(1964), p.18.

2 F. A. K. Gren, *Grundriss der Chemie,* Waisenhaus, Halle, 1797.

3 J. J. Berzelius, *Lärbok i Kemien,* Bd. 1(1808); F. Wöhler trans., *Lehrbuch der Chemie,* Bd. 1, Arnold, Leipzig, 1833, p.162; 田沢康夫 『化學の領域』, 13권(1959), p.879.

4 P. Lemay, R. E. Oesper, *J. Chem. Educ.,* **25**, 68(1948). 植村琢, 『化學領土の開拓者たち』, 朝倉서점(1976), p.34.

5 A. W. Hofmann, *Ber.,* **15**, 3127(1882); *J. Chem. Soc. Trans.,* 258(1883),; 田沢康夫, 『化學の領域』, 13권(1957), p.738, 800, 879.

6 W. Prout, *Ann. Phil. Trans.,* **11**, 354(1824).

7 F. Wöhler, *Poggendorffs Annalen der Physik und Chemie*(이하 *Pogg. Ann.* と略記), **12**, 253(1828).

8 J. L. Proust, *Ann. Chim. Phys.,* **14**, 257(1820).

9 E. Müller, *Neuere Anschaungen der Organischen Chemie,* Springer, Berlin, 1940, p.221.

10 F. Wöhler, *Kongl. Vetenskaps Akademiens Handlingar, 1824, 328; Idem., Pogg. Ann.,* **3**,177(1825).

11 J. L. Gay-Lussac, *Cours de Chimie,* II , Paris, 1828, 제24강. 현재 옥산산의 결정은 $C_2H_2O_4 \cdot 2H_2O$이라고 표시한다.

12 W. H. Warren, *J. Chem. Educ.,* **5**, 1539(1928).

13 W. H. Warren, *Ber.,* **61**, A3(1928).

14 J. Davy, *Phil. Trans.,* Part 1, 144(1812).

15 빌러의 요소합성과 생기론에 대하여 다음의 논설이 있다.
   a) W. H. Warren, *J. Chem. Educ.,* **5**, 1539(1928).
   b) D. Mckie, *Nature,* **153**, 608(1944).
   c) E. Campaigne, *J. Chem. Educ.,* **32**, 403(1955).
   d) 田沢康夫, 『化學の領域』, 13권(1959), p.743.
   e) T. O. Lipman, *J. Chem. Educ.,* **41**, 452(1964).
   f) J. H. Brooke, *Ambix,* **15**, 84(1968); 相木肇解說, 『化學史硏究』 3호 (1975), p.27.

16 O. Wallach, *Briefwechsel zwischen J. Berzelius und F. Wöhler,* Bd. 1, Engelmann, Leipzig, 1901, a) 206, b) 208.

17 이 '자연철학자'가 누구를 가리키는가에 관해서는 맥키(문헌 15b)와 캠페인(문헌 15c)의 논쟁이 있다.

맥키: 뵐러가 요소를 합성하고 생기론에 경종을 울렸다는 것은 전부 전설이다. 왜냐하면 뵐러는 자연철학자의 말을 통해, 무기물부터 유기합성 여부는 사용한 탄소의 문제 여하에 달려 있다는 것을 인정하기 때문이다. 따라서 뵐러의 요소합성은 동물의 혈액 등을 출발물질로 하는 시안산을 사용하고 있으므로 무기물에서 유기물이라고 할 수 없다. 콜베에 의한 아세트산의 전합성이야말로 무기물에서 출발한 최초의 유기합성이었다.

캠페인: 맥키의 논설에는 뵐러가 시안산에 아직 생명력이 보존되어 있다고 생각한 것처럼 기술하고 있으나 편지 속 자연 철학자란 뵐러 자신이 아니고 완고한 생기론자를 가리키는 것이며, 뵐러의 요소합성이 생기론에 경종을 울렸다는 것은 화학신화가 아니다.

18 W. H. Warrens, *J. Chen. Educ.,* **5,** 1542(1928) ; J. H. Brooke, *Ambix,* **15,** 93(1968).

19 *Rept. of the 7th Meeting, British Association for the Advancement of Science, Notes and Abstracts,* **7,** 38(1837).

20 H. Kolbe, *Ann.,* **45,** 41(1843); *ibid.,* **49,** 341(1844); *ibid.,* **54,** 185(1845).

21 A. Kekulé, *Ann. Chem. Pharm.,* **106**, 129(1858); 野村祐次郎 역, 『化學の原典10』, 東京大學出版會(1976), p.95.

22 A. S. Couper, *London, Edinburgh and Dublin Phil. Mag. & J. Sci.,* [IV] **16**, 104(1858); 右田俊彦 역, 『化學の原典10』, 東京大學出版會(1976), p.125.

23 A. M. Butlerov, *Z. Chem. Pharm;* 549(1861); 柏木肇 역, 『化學の原典10』, 東京大學出版會(1976), p.143.

8.

주기율의 발견자는 누구인가:
왜 멘델레예프를 발견자로 하는가

시마하라 겐조(島原健三)

게이오기주쿠대학 공학부 졸업. 화학공장 근무, 고등
학교 교사 등을 거쳐, 세이케이대학 공학부 공업화학
과 교수. 공학박사. 전공은 응용생화학, 화학사.

1. 여는 말

주기율의 발견자는 누구인가라고 물으면 러시아의 멘델레예프(D. I. Mendeleev, 1834~1907)라고 대답하는 사람이 많을 것이다. 그러나 독일의 마이어(J. L. Meyer, 1830~1895)의 이름이나, 영국의 뉴랜즈(J. A. R. Newlands, 1837~1898)나 프랑스의 드 샹쿠르투아(E. B. de Chancourtois, 1820~1886)의 이름을 함께 거론하는 사람도 있을 것이다. 주기율의 발견에 관한 우리들의 '상식'은 이 정도로 혼란스럽다라고 말할 수 있다.

그렇다면 진정한 발견자는 누구인가. 그것이 이 장의 주제이다. 그 점을 밝히기 위해서 우리는 우선 주기율 발견에 관한 '상식'을 정리해 보고 '상식의 오류'를 검토하면서 주기율의 발견자는 누구인가를 생각해 보자. 이 작업은 주기율의 발견이란 어떤 것이며, '발견'이란 보통 어떤 것인지 생각하는 데도 관계가 있을 것이다.

2. 발견에 관한 서술의 두 가지 유형

교과서나 사전의 주기율 발견에 관한 서술에는 크게 두 가지가 있다.

하나는 일체를 멘델레예프로 귀결시키는 형이다. 일본의 고등학교 교과서를 예를 들면

a: (i) 19세기의 전반을 통해 원자나 분자에 대한 생각이 명확해지고, 원자량, 분자량, 원자가 등이 정확하게 알려지면서 화학적

성질과 원자량의 관계가 주목받게 되었다. (ii) 1869년 러시아의 멘델레예프는 '원소를 원자량의 순으로 배열하면 원소의 성질이 주기적으로 변한다'라는 원소의 주기율을 발견하고, 주기율에 근거하여 원소를 표(주기율표)의 모양으로 통합했다. (iii) 현재 사용하고 있는 (중략) 주기율표도 그 원형은 멘델레예프에 의해 제안된 것이다: 고등학교 교과서『화학』, S사, (i)~(iii)의 번호는 필자가 쓴 것이다. 앞으로도 마찬가지다.

이와 같은 형이 많다.

또 하나는,

  b: (i) 돌턴에 의해 원자설이 제안된 이래, 원자량이 원소의 중요한 성질임을 인정하며, 원소의 화학적 물리적 성질과 원자량과의 관계도 자주 논의되었다. 그 대표적인 것은 1817년 되베라이너에 의해 제시된 3쌍 원소의 생각이다. (ii) 그 후 1862년에는 드 샹쿠르투아에 의해 땅의 나선이, 1863년에는 뉴랜즈에 의해 옥텟(Octet) 법칙이 제창되었다. (중략) 그러나 원소의 주기율이 널리 일반적으로 인정된 것은 1869년 원소의 성질과 원자량에 대해서, 서로 독립적으로 발표된 마이어와 멘델레예프의 연구에 의존하는 바가 크다: K출판의 화학사전 '주기율'의 항.

이와 같이 원자론의 제창 혹은 독일의 되베라이너(J. W. Döbereiner, 1780~1849)의 '3쌍 원소' 정도에서 시작하여 원자론→원자량의 확립→3쌍 원소의 발견→땅의 나선→옥텟의 법칙→멘델레예프와 마이어의 주기율표로, 화학사 상의 사실을 주기율의 발견 또는 주기율표의 제창으로 시간축에 따라 배열한 형이며, 이러한 부분 이외에 P 씨의 고명한 교과서(I서점) 등, 수입된 교과서에서는 자주 이러한 서술을 볼 수 있다. 그렇지 않은 경우도 있으나 대체로 원자론(혹은 '3쌍 원소'의 발견) 이래 끊임없이 진보 발달하여 주기율표의 발견에 이르렀다.

이상의 두 가지 이외에 중간적인 형으로서,

> c: (i) 되베라이너(1817)는 Ca, Sr, Ba의 3개 원소가 물리적으로나 화학적으로 매우 비슷하며 또한 Sr의 **원자량**(87.62)이 Ca(40.08)와 Ba(137.34) 원자량의 평균치에 **매우 정확**하게 일치하는 것을 인정하고, 이 3개가 "3쌍 원소"로 부르는 하나의 집단을 이룬다고 생각했다. (중략) '이어서 Li, Na, K 등 앞의 것 이외의 3쌍 원소의 발견을 언급한 다음' (중략) (ii) 멘델레예프와 마이어는 이러한 분류를 더욱 밀고나가, 1869년 거의 동시에 서로가 완전히 독자적으로 … '주기율'을 발견했다: H서방,『C씨 화학』, 굵은 글씨는 필자

와 같은 것도 있다. 이것은 〈인용 a〉의 멘델레예프 독무대 도식이 멘델레예프와 마이어의 2인 무대로 바뀌었다고 할까. 그렇지 않으면 〈인용 b〉의

→표로 이어진 진보 발전계열의 꽤 많은 부분을 탈락시킨 것이라고 보아야 할 것이다.

〈인용 a〉의 기술과 〈b〉의 기술은 얼핏 보기에는 대조적이다. 그러나 앞의 저의에 있는 이른바 '천재' 사관과 후자의 저의인 이른바 '진보 발전' 사관과의 거리는 사실 멀지 않다. 이것은 〈인용 a〉와 〈b〉를 〈c〉와 조정하여 비교하면 어느 정도 납득할 수 있다.

3. 과거의 역사에서 볼 수 있는 '상식의 오류'

우선 주기율 발견에 이르기까지의, 이른바 과거의 역사(前史)에서의 '상식'을 검토해 보자. 대상으로 하는 것은 각 인용문의 (ⅰ) 부분인데, 〈인용 a〉는 기술이 지나치게 애매하여 아무것도 말하지 않은 것과 같으므로 일단 제외하기로 한다.

3.1 과거의 역사는 원자론→원자량의 확립→3쌍 원소의 발견으로 진행했는가

답은 '아니다'이다. 〈인용 b〉에는 원자량은 원자론 제창 이후 꽤 단시간 내에 수용된 것같이 쓰여 있다. 그러나 원자량이 널리 인정받게 된 것은 돌턴의 원자론에서 반세기나 지난 1860년 이후의 일이었다(6장). 사실 원자론 그 자체도 제창에서 수용까지 긴 세월이 필요했다(3장). '3쌍 원소'의 처음 쌍이 발견된 1817년에는 원자론도 원자량도 아직 소수파의 것이었다. 다시 말하면 다음과 같이 되베라이너의 '3쌍 원소' 발견은 원자량이 아니고 당량을 사용했다.

〈인용 b〉에서 볼 수 있는 원자론→원자량의 확립→3쌍 원소의 발견이라는 도식은 단순한 사실의 오인에서 생겨난 것은 아니다. 저자의 '믿음'이 역사 기술을 그릇되게 하는 예를 각각의 집필자들이 자주 언급하고 있는데, 이 경우에도 '화학은 끊임없이 단계적으로 진보 발전한다.'(1장의 '상식의 오류'가 생기는 근원)는 생각이 인식하기 어려울 정도로 존재하는 듯하다.

3.2 '3쌍 원소'의 발견에는 원자량이 적용되는가

이것도 답은 '아니다'이다. 최초의 쌍 Ca, Sr, Ba의 발견에 관해서라는 조건이 있다. 이때 되베라이너가 사용한 것은 원자량이 아니고, 수소를 1, 산소를 7.5로 하는 당량이며, 발견한 것도 원소의 원자량이 아니라 산화물 당량 간의 수적 관계였다.[1] 인용 c부분은 '… SrO의 **당량**(50)이 CaO(27.5)과 BaO(72.5) 당량의 평균치에 **정확하게** 일치하는 것을 인식…' 이라고 적었다면 옳았을 것이다.

그러나 너무 큰 차이가 생겼다. 〈인용 c〉의 기술에서 괄호 속에 현재의 원자량(당시의 것이 아니다)을 넣기도 하여, 거의 본 것처럼 거짓의 지경에 이르고 있는데, 아마도 인용을 되풀이하는 동안에 당량이 원자량으로 변신하고, 원자량은 단지 갖고 있던 숫자를 집어넣었다고 보는 것이 맞을 것이다. 이것은 '부주의로 인해 발생하고, 무반성한 인용에 의해 증폭된 오류': 1장 '상식의 오류가 생기는 근원, 5절의 전형적인 보기라고 할 수 있을 것 같다. 그런데 이러한 인용을 하게 된 저의는 원자량의 제창이 3쌍 원소의 발견보다는 10년 전 되베라이너도 당연히 원자량을 사용했을 것이라는 '믿음' 때문이다. 따라서 이처럼 '무반성한 인용'은 '화학은 끊임없이 진보 발전한다'라는 믿음과도 관계가 있다.

3.3 주기율 발견 직전의 상황: 발견의 필요조건

앞서 진보 발전 계열 다음은 3쌍 원소→땅의 나선이었다. 그러나 발견된 '3쌍 원소'의 수가 아무리 늘었어도, 그것을 모으는 것만으로 직접 '땅의 나선'이나 주기율로 나갈 생각은 없다. 즉, 앞서의→표 부분에는 무엇인가 빠져 있으므로, 주기율 발견을 생각하려면 이 '상식의 공백'을 채울 필요가 있다. 하지만 지면의 사정상 상세한 것은 단행본[2]으로 미루고, 앞으로는 주기율 발견 직전의 상황만을 간단히 소개하기로 하자.

(1) 원소의 성질과 원자량 또는 당량과의 알려진 관계는 '3쌍 원소'의 관계만이 아니다. 원자량 또는 당량이 거의 같은 원소군(예 Pd, Ir, Os)이나 정수비를 이루는 원소군(예 F:Cl:Br:I=2:4:9:14)의 존재도 각각 여러 쌍이 알려져 있다. 또한 뒤의 원소군 사이에 대응하는 원소끼리의 원자량 차이가 일정한 경우가 자주 있다는 것(예 F와 N, Cl과 P, Br와 As, I와 Sb의 원자량 차이는 모두가 5)도 지적했다. 독일의 스트레커(A. F. L. Strecker, 1822~1871)는 1859년에 비슷한 원소의 원자량 또는 당량 간의 관계는 단순히 우연의 결과로 생각하지 않고 '이러한 수량 간에 존재하는 법칙적 관계의 발견을 우리는 장

래에 떠맡기지 않을 수밖에 없다'라고 말했는데, 이 말은 앞에서 언급한 것과 같이 여러 관계를 포괄할 만한 법칙의 발견을 당시에 예감했다는 사실을 뜻한다.

(2) 그러나 주기율이 원소의 성질과 원자량과의 관계를 다루는 법칙인 이상, 이것을 발견하기 위해서는 이미 발견된 원소가 상당한 수에 이르고 그 대부분은 바른(적어도 크기의 순으로 배열했을 때, 현재와 같은 정도의) 원자량이 부여될 필요가 있다. 그리고 카니차로에 의해 거의 정확한 원자량이 부여된 것은 앞에서 말했듯이 1860년이므로 주기율의 발견은 1860년 이전에는 거의 불가능한 셈이 된다. 또한 이 경우의 '원자량'은 원소의 불변속성을 나타내는 양으로, 반드시 원자의 존재를 전제한 것이 아니었다는 것을 지적할 필요가 있다.[3]

4. 주기율의 발견자일지도 모르는 다섯 명과 그들의 '주기율표'

1860년대에 원소성질의 주기성을 제창한 사람은 다섯 명이었다.

여기에서는 그들 각자가 발표한 원소분류표(또는 분류도)를 중심으로 간단히 소개하고 그 상호관계를 살펴보자.

4.1 드 샹쿠르투아: 1862년

드 샹쿠르투아는 1862년에 '땅의 나선'[4]이라는 이름의 '단체와 기의

그림 8-1 | E. B. 드 샹쿠르투아(1820~1886)

자연 분류계'를 발표했다. 이 분류계는 축방향에 있는 원자량을 눈금으로
하고 주위의 길이가 16단위인 원주에 나선이 감겨 있다. 또 이 나선상에
는 원소의 기가 여러 개의 화합물이나 합금과 함께 원자량에 따라 배열되
어 있다(그림 8-2). 그의 주장에 의하면, 이 분류계에는 비슷한 성질의 원
소, 예를 들어 O, S, U, S, Se, Te는 동일 모선상에 배열되고, 이것과 대조
적인 성질인 Mg, Ca, Sr, U, Ba는 반대 측의 모선상에 배열된다고 했다.
즉 그의 논문을 원소 문제로 한정하여 읽으면 원소의 성질은 원자량의 주
기 함수이며, 원량이 16 증가할 때마다 비슷한 성질이 나타난다는 것으로
해석할 수 있다. 그러나 그는 주기를 나타낼 때 일관되게 16이라는 상수
를 사용하므로 당연한 결과로 비슷한 원소를 항상 동일 모선상에 배열하
는 것은 불가능했다.

　　드 샹쿠르투아의 '땅의 나선'은 발표 당시에는 거의 주목받지 못했고
그 자신도 이 데이터를 발전시킨 논문을 그 이후 발표하지 않았다.

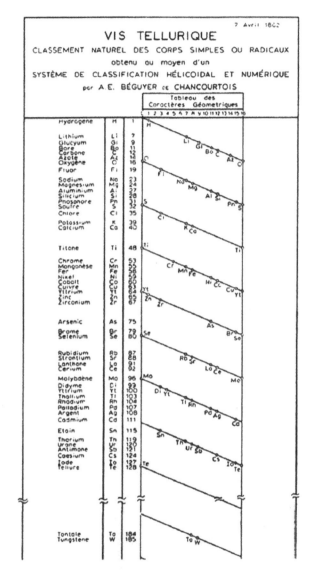

그림 8-2 ┃ 드 샹쿠르투아의 '땅의 나선'(1862)의 전개도
(부분: 원래는 기, 화합물, 합금도 적었으나, 이 그림은 원소만을 적어서 단순화했다)[5]

4.2 뉴랜즈: 1864년, 1865년

뉴랜즈는 1863년에서 1864년에 걸쳐 비슷한 원소의 원자량 관계를 다룬 몇 편의 논문을 발표하고 1864년 말경에 이르러 원소를 원자량의 크기순으로 배열하면 8번째마다 성질이 비슷한 원소가 나타난다는 설을 〈그림 8-3〉의 표와 함께 발표했다. 뉴랜즈의 1864년의 표로 인용되는 〈그림 8-4〉는 실은 다음 해인 1865년의 논문에 첨부된 것으로서 '옥텟 법칙'이라는 이름도 이때 비로소 사용되었다. 여기서 인용한 것처럼 정착된 '상식의 오류'의 예를 볼 수 있다. 또한 〈인용 b〉에 '1863년에 뉴랜즈에 의해 옥텟 법칙이 제창되었다'라고 적혀 있는 것은 동사전의 '옥텟 법칙'(집필자는 〈인용 b〉와 같음)의 항에 '1865년'이라는 것에서부터 잘못 인식된 것으로 여겨진다.

뉴랜즈 분류계의 특징은 그때까지 원소 분류가 원소 성질의 유사성을 원자량과의 관계로서 파악한 것과 달리, '원자량' 그 자체가 아니라 '원자

그림 8-5 | J. A. R. 뉴랜즈(1837~4898)

	No.		No.		No.		No.		No.	
Group a	N	6	P	13	As	26	Sb	40	Bi	54
b	O	7	S	14	Se	27	Te	42	Os	50
c	F1	8	Cl	15	Br	28	J	41	–	–
d	Na	9	K	16	Rb	29	Cs	43	Tl	52
e	Mg	10	Ca	17	Sr	30	Ba	44	Pb	53

그림 8-3 | 뉴랜즈의 원소 분류계(1864)

No.		No.		No.		No.		No.		No.		No.		No.	
H	1	F	8	Cl	15	Co&Ni	22	Br	29	Pd	36	I	42	Pt&Ir	50
Li	2	Na	9	K	16	Cu	23	Rb	30	Ag	37	Cs	44	Tl	53
G	3	Mg	10	Ca	17	Zn	25	Sr	31	Cd	38	Ba&V	45	Pb	54
Bo	4	Al	11	Cr	18	Y	24	Ce&La	33	U	40	Ta	46	Th	56
C	5	Si	12	Ti	19	In	26	Zr	32	Sn	39	W	47	Hg	52
N	6	P	13	Mn	20	As	27	Di&Mo	34	Sb	41	Nb	48	Bi	55
O	7	S	14	Fe	21	Se	28	Ro&Ru	35	Te	43	Au	49	Os	51

그림 8-4 | 뉴랜즈의 '옥텟 법칙'(1865)

량의 크기순'에 착안한 점이다. 그러나 그는 주기를 나타내는데 7이라는 상수를 사용했기 때문에 성질이 꽤 다른 원소를 같은 가로의 열에 배치하게 되었다. 이 고집스러운 집단 분류는 미발견 원소의 빈자리가 남지 않은 것과 함께 발표 당시부터 비판을 받았다.

4.3 오들링: 1864년

영국의 오들링(W. Odling, 1829~1921)은 1857년에도 전 원소를 13족으로 나눈 분류를 발표했으며, 1864년에는 원소를 원자량순으로 배열해 오늘날의 장주기형 주기율표와 비슷한 원소 분류계(그림 8-6)를 발표했다. 같은 해인 1864년에 발표된 뉴랜즈의 표(그림 8-3)가 24원소밖에 포함되

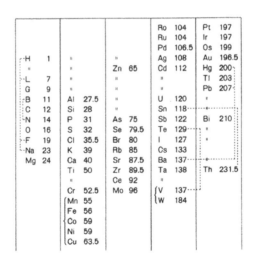

그림 8-6 | 오들링의 원소 분류계(1864)

그림 8-7 | W. 오들링(1829~1921)

지 않는 데 반해 오들링의 분류계에는 당시의 알려진 원소 60 중 57이 포함된다.

오들링 분류계의 특징은 '땅의 나선'이나 '옥텟 법칙'에 비해 테두리가 훨씬 융통적이다. 그러므로 각 원소가 테두리의 속박에서 자유로우며, 성질에 적합한 배치가 훨씬 쉬워졌다. 그의 분류계는 오늘날의 주기율표로 발전할 가능성을 내포하고 있는 것으로 여겨진다. 그러나 오들링은 역으로 이것을 '3쌍 원소'를 중심에 설정하는 방향으로 발전시켜 1868년, 비로소 오늘날의 철족과 백금족을 뺀 분류계를 발표했다(그림 8-8).

4.4 마이어: 1868년, 1870년

마이어는 1864년에 체계 내 6군, 체계 외 7군, 합계 13군으로 된 원소 분류를 발표했다. 그중의 체계 내 6군(그림 8-9)에는 27원소가 원자량순으로 배열되어 오늘날 주기율표의 전형원소 부분과 비슷한 형태로 요약된

		Triplet Groups							
H	1					Mo	96	~~W~~	184
						-		Au	196.5
						~~Pd~~	106.5	Pt	197
L	7	Na	23	-		Ag	108	-	
~~G~~	9	~~Mg~~	24	~~Zn~~	65	~~Cd~~	112	~~Hg~~	200
B	11	~~Al~~	27.5	-		-		Yl	203
C	12	Si	28	-		Sn	118	~~Pb~~	207
N	14	P	31	As	75	Sb	122	Bi	210
O	16	S	32	Se	79.5	Te	129	-	
F	19	Cl	35.5	Br	80	J	127	-	
		K	39	Rb	85	Cs	133	-	
		~~Ca~~	40	Sr	87.5	~~Ba~~	137	-	
		Ti	48	Zr	89.5	-		Th	231
		~~Cr~~	52.5	-		~~V~~	138		
		~~Mn~~	55						

그림 8-8 | 오들링의 원소 분류계(1868)

다. 1868년에 그는 이것을 정리, 확충하여 52원소를 15군으로 나눈 분류를 작성했다(그림 8-10). 이것은 현재의 장주기형 주기율표와 비슷한 모양이고, 당시 알려진 원소의 대부분이 포함된 점, 거의 원자량순으로 배열된 점, 원소의 유사성으로 무리 없이 분류된 점 등이 '주기율표'라고 부르기에 적합하나 결국 발표하지 않았다. 원래는 교과서에 싣기 위해 작성했지만 교과서의 출판이 늦어졌기 때문이다. 흔히 '마이어의 주기율표'로서 알려진 표(그림 8-12)는 그 연장으로 만들어졌고 1870년에 발표되었다.[6]

	4-werthing	3-werthing	2-werthing	1-werthing	1-werthing	2-werthing
Differenz=	- -	- -	- -	- -	Li =7.03 16.02	(Be =9.3?) (14.7)
Differenz=	C =12.0 16.5	N =14.05 16.96	O =16.00 16.07	Fl =19.00 16.46	Na =23.05 16.08	Mg =24.0 16.0
Differenz=	Si =28.5 $\frac{89.1}{2}$ =44.55	P =31.0 44.0	S =32.07 46.7	Cl =35.46 44.51	K =39.13 46.3	Ca =40.0 47.6
Differenz=	- $\frac{89.1}{2}$ =44.55	As =75.0 45.6	Se =78.8 49.5	Br =79.97 46.8	Rb =85,4 47.6	Sr =87.6 49.5
Differenz=	Sn =117.6 89.4 =2×44.7 Pb =207.0	Sb =120.6 87.4 =2×43.7 Bi =208.0	Te =128.3 - -	J =126.8 - -	Cs =133.0 (71 =2×35.5) (Tl =204?)	Ba =137.1 - -

그림 8-9 | 마이어의 원소 분류표(1864) 중 체계 내 6군

4.5 멘델레예프: 1869년 …

멘델레예프는 여러 개의 주기율표를 계속 발표했으나, 그 최초의 표(그림 8-13)는 1869년 2월에 구상하여 3월에 구두 발표하고, 4월에 발행된 잡지에 인쇄 공표되었다.[6] 구상은 마이어보다 늦었지만 발표는 마이어보다 먼저인 셈이다. 멘델레예프의 주기율표에 관한 '상식'은 5절에서 검토한다.

4.6 다섯 명의 원소 분류계 사이의 관계

이상으로 1860년대에 만들어진 대표적인 원소 분류계를 거의 연대순으로 소개했다. 여러 표(또는 그림)만 보면 2절에서 언급한 땅의 나선→옥텟 법칙(과 오들링의 분류계)→멘델레예프와 마이어의 주기율표라는 과정은, 각자 나름대로 앞 사람의 분류계를 개량함으로써 전체가 현재의 주기

1	2	3	4	5	6	7
		Al =27.3 $\frac{28.7}{2}$ =14.3	Al =27.3			
Cr =52.6	Mn =55.1 49.2	Fe =56.0 48.3	Co =58.7 47.3	Ni =58.7	Cu =63.5 44.4	Zn =65.0 46.9
	Ru =104.3 92.8 =2×46.4 Pt =197.1	Rh =104.3 92.8 =2×46.4 Ir =197.1	Pd =106.0 93 =2×46.5 Os =199.0		Ag =107.94 88.8 =2×44.4 Au =196.7	Cd =111.9 88.3 =2×44.15 Hg =200.2

그림 8-10 | 마이어의 원소 분류계(1868)

율로 '진보 발전'의 경과를 보는 것처럼 생각된다.

그러나 사실은 이처럼 '진보 발전'의 경과를 따르지 않았다. 예를 들면 멘델레예프는 '땅의 나선'도, '옥텟 법칙'도, 오들링의 일과 마이어의 일도 모르면서 자기의 주기율표를 작성했다. 다른 네 명의 사정도 같아서, 그

그림 8-11 | J. L. 마이어(1830~1895)

160

8	9	10	11	12	13	14	15	16
				Li = 7.03	Be = 9.3			
				16.02	14.7			
C = 12.00	N = 14.04	O = 16.00	Fl = 19.0	Na = 23.05	Mg = 24.0			
16.5	16.96	16.07	16.46	16.08	16.0			
Si = 28.5	P = 31.0	S = 32.07	Cl = 35.46	K = 39.13	Ca = 40.0	Ti = 48	Mo = 92	
$\frac{89.1}{2}$ = 44.55	44.0	46.7	44.51	46.3	47.6	42	45	
-	As = 75.0	Se = 78.8	Br = 79.97	Rb = 85.4	Sr = 87.6	Zr = 90	Vd :137	
$\frac{89.1}{2}$ = 44.55	45.6	49.5	46.8	47.6	49.5	47.6	47	
Sn = 117.6	Sb = 120.6	Te = 128.3	J = 126.8	Cs = 133.0	Ba = 137.1	Ta = 137.6	W :184	
89.4-2×44.7	87.4-2×43.7			71 = 2×35.5				
Pb = 207.0	Bi = 208.0			?Tl=204?				

I	II	III	IV	V	VI	VII	VIII	IX
	B -11.0	Al -27.3	—	—	—	?In -113.4	—	Tl -202.7
	C -11.97	Si -28				Sn -117.8		Pb -206.4
	N -14.01	P -30.9	Ti -48	As -74.9	Zr -89.7	Sb -122.1		Bi -207.5
	O -15.96	S -31.98	V -51.2	Se -78	Nb -93.7	Te -128?	Ta -182.2	—
—	F -19.1	Cl -35.38	Cr -52.4	Br -79.75	Mo -95.6	J =126.5	W -183.5	—
			Mn=54.8		Ru =103.5		Os=198.6?	
			Fe=55.9		Rh =104.1		Ir =196.7	
			Co=Ni -58.6		Pd =106.2		Pt =196.7	
					Ag =107.66	Cs -132.7	Au=196.2	
Li -7.01	Na -22.99	K -39.04	Cu -63.3	Rb -85.2	Cd -111.6	Ba -136.8	Hg -199.8	—
?Be-9.3	Mg -23.9	Ca -39.9	Zn -64.9	Sr -87.0				

그림 8-12 | 마이어의 주기율표(1870)

들 모두 독자적으로 자신의 원소 분류계를 작성했다. 이 사실 관계를 일일이 설명할 여유가 없으므로 이 문제에 대해서는 네덜란드의 화학사가 반 스프론센(J. W. van Spronsen)이 상세하게 고증했다는[7] 것을 소개하기로 하자.

그러나 먼저, 땅의 나선→옥텟 법칙→등등 하는 '진보 발전' 도식은 납득하기 어려우나 어쩐지 안심이 된다. 나도 그런데, 대다수의 독자들은 어떨지. 만일 그렇다면 그것은 '화학은 끊임없이 단계적으로 진보한다'라는 '믿음'이 인식하지 못하는 사이에 우리들의 마음속에 있다고 봐야 할 것이다.

5. 멘델레예프 주기율표에 관한 '상식의 오류'

이 절은 주기율 발견 이후의 '상식'을 점검한다. 먼저의 〈인용 a〉는 (iii) 의 부분도 역시 애매하므로, 좀 더 구체적인 다른 고교 교과서의 해당 부분을 먼저 점검하기로 한다.

			Ti=50	Zr=90	?=180
			V=51	Nb=94	Ta=182
			Cr=52	Mo=96	W=186
			Mn=55	Rh=104.4	Pt=197.4
			Fe=56	Ru=104.4	Ir=198
			Ni=Co=59	Pd=106.6	Os=199
H=1			Cu=63.4	Ag=108	Hg=200
	Be=9.4	Mg=24	Zn=65.2	Cd=112	
	B =11	Al=27.4	?=68	Ur=116	Au=197?
	C =12	Si=28	?=70	Sn=118	
	N =14	P=31	As=75	Sb=122	Bi=210
	O =16	S=32	Se=79.4	Te=128?	
	F =19	Cl=35.5	Br=80	J=127	
Li=7	Na=23	K=39	Rb=85.4	Cs=133	Tl=204
		Ca=40	Sr=87.6	Ba=137	Pb=207
		?=45	Ce=92		
		?Er=56	La=94		
		?Yt=60	Di=95		
		?In=75.6	Th=118?		

그림 8-13 | 멘델레예프의 주기율표(1869)

(i) 멘델레예프는 1869년에 원소주기율표를 발표했다. 이 주기율표에서 각 원소는 …… 화학적 성질이 비슷한 것이 **세로의 열**에 배열되어 있다. (ii) 그러므로 일부의 원소는 원자량의 순서와는 반대로 배열한다.

(iii) 또한 미발견된 원소를 예상해서 빈자리를 만들어 놨다. 이 미발견 원소의 성질은 그 주위에 배열된 원소의 성질에서 예상했다. 이것은 나중에 발견된 원소의 성질과 잘 일치한다: 고등학교 교과서『화학』, D사, 번호와 굵은 글씨는 필자

우선 (i)의 '세로의 열'은 잘못된 것으로 1869년의 주기율표(그림 8-13)에는 비슷한 원소가 가로로 배열되었다. 아마도 1871년 논문[6]에 실린 몇 가지 표 중 하나(그림 8-15)와 혼동된 것이다. 그렇다 해도 여기저기에 쓰인 오류일 것이다.

그림 8-14 | D. I. 멘델레예프(1834~1907)

(ii)는 텔루르(Te)와 요오드(I)의 관계를 가리킨 것 같지만, 이 두 원소를 원자량의 역순으로 배열한 것은 멘델레예프만이 아니다. 뉴랜즈(〈그림 8-3〉, 〈그림 8-4〉)도 오들링(〈그림 8-6〉, 〈그림 8-8〉)도 마이어(〈그림 8-9〉, 〈그림 8-10〉, 〈그림 8-12〉)도 같은 일을 했다. 이 기술은 잘못된 것이라고 할 수는 없어도 멘델레예프의 독무대 도식을 강조하는 결과이므로, 저자의 의도성이 없다 할지라도 사실의 은폐라고 지적하면 도리가 없는 것이다. 또한 멘델레예프는 이 역전을 해소하기 위해서 Te의 원자량을 128에서 125로 수정했으나(〈그림 8-15〉와 〈그림 8-13〉을 비교할 것), 이 예언은 결국 적중하지 않았다.

Reihen	Gruppe I - R²O	Gruppe II - RO	Gruppe III - R²O³	Gruppe IV RH⁴ RO²	Gruppe V RH³ R²O⁵	Gruppe VI RH² RO³	Gruppe VII RH R²O⁷	Gruppe VIII - RO⁴
1	H =1							
2	Li =7	Be=9.4	B =11	C =12	N =14	O =16	F =19	
3	Na=23	Mg=24	Al=27.3	Si =28	P =31	S =32	Cl=35.5	
4	K =39	Ca=40	- =44	Ti =48	V =51	Cr =52	Mn=55	Fe=56, Co=59
5	(Cu=63)	Zn=65	· =68	· =72	As=75	Se=78	Br =80	Ni =59, Cu=63
6	Rb=85	Sr =87	?Yt=88	Zr =90	Nb=94	Mo=96	- =100	Ru=104, Rh=104
7	(Ag=108)	Cd=112	In=113	Sn=118	Sb=122	Te=125	J =127	Pd=106, Ag=108
8	Cs=133	Ba=137	?Di=138	?Ce=140	-	-	-	- - -
9	(·)	·	·	·	·	·	·	
10	-	·	?Er=178	?La=180	Ta=182	W =184	·	Os=195, Ir =197
11	(Au=108)	Hg=200	Tl=204	Pb=207	Bi =208	-	·	Pt=198, Au=199
12	-	·	·	Th =231	-	=240	·	- - -

그림 8-15 | 멘델레예프의 주기율표(1871)

(iii)은 에카알루미늄 등의 예언을 말하고 있는 것 같다. 에카알루미늄은 수년 후에 갈륨(Ga)으로 발견되었는데 원자량은 말할 것도 없고 비중이나 원자용도 예언과 잘 일치하므로, 이것이 주기율의 평가를 높였다는 것은 유명한 이야기이다. 멘델레예프는 이 밖에도 몇 가지 미지원소의 성질을 예언하여 극적으로 적중시켰다. 또한 별로 쓰이진 않았으나 그는 맞지 않는 예언도 꽤 했다. 예를 들면 (ii)에서 말하는 텔루르의 원자량도 그중 하나이고, 에카세슘(Cs, 원자량 175. 〈그림 8-15〉의 I족 10열)과 에카니오브(Nb, 원자량 146. V족 8열)는 해당 원소가 결국은 하프늄(Hf)이며 주기율표에서 이 위치에 들어갈 원소가 아니므로 이 예언도 틀린 셈이다. 또한 훗날에 이르러 원자량 0.17과 0.40의 0족 원소, 원자량 3의 할로겐원소의 존재를 예언했으나[8] 이러한 예언이 틀렸다는 것은 말할 필요가 없다. 결국 멘델레예프의 주기율표는 미발견 원소의 예언이 가능했지만 존재하지 않은 원소의 예언도 가능한 구조를 이룬다.

　끝으로 2절의 〈인용 a〉인데, (iii)에 의하면 현재의 주기율표 원형은 멘델레예프에 의해 제안되었다고 한다. 멘델레예프의 주기율표는 같은 시대에 다른 사람의 주기율표보다 현재의 것에 가깝다고 볼 수 있으나, 단언할 수 없다. 일률적인 비교는 곤란하지만 마이어의 1870년의 표(그림 8-12)는 멘델레예프의 1871년의 표(그림 8-15)에 비해 주족과 아족을 나누는 방법, 구리족 원소를 다루는 방법 등 몇 가지 점에서 현재의 주기율표와 가깝다고 말할 수 있다.

6. 닫는 말: 주기율의 발견자는 누구인가

주기율은 1860년에는 아직 발견되지 않았으나, 1870년에 발견이 거의 끝났을 것이라고 지금도 믿고 있다. 동시에 다섯 명의 후보자 중에서 진정한 발견자를 골라내는 작업은 일반적인 방법으로는 불가능하다. 원소의 성질에 주기성을 부여한 것은 드 샹쿠르투아가 처음이나 원소를 원자번호의 순으로 배열한 것은 뉴랜즈가 처음이었다. 그러나 그들의 테두리는 너무나도 경직되었고, 보다 유연한 테두리를 제출한 것은 오들링이었다. 그 후의 발전을 보면 그는 자신의 원소 분류계의 뜻을 어느 정도까지 이해했었는지 의심스럽다. 이렇게 되면 마이어와 멘델레예프가 유력한 후보가 되는데, 이 두 사람도 자신이 발견한 뜻을 완전히 이해한 것은 아니다. 멘델레예프 자신도 이 점을 자각해서 '주기계의 의미를 명확하게 표현하는 것은 (중략) 현재 아직 그것을 할 수 있는 시기가 아니다'라고 말한다. 법칙의 발견자가 그 법칙의 의미를 후세의 우리가 그것을 이해하는 것처럼 이해한다는 것은 원래 불가능한 것이다.

간신히 '상식'적 의미에서 주기율 발견자를 지정하는 것은 예측한 대로라고나 할까. 뜻밖이라고나 할까. 매우 어렵고 곤란한 일인 것 같다. 그렇다면 해결책은 둘밖에 없는 듯하다. 하나는 주기율표 혹은 주기율은 1860대에 거듭 개량하여 멘델레예프, 혹은 멘델레예프와 마이어에 이르러 완성되었다는 해결책이다. 이 진보 발전 도식은 안도감을 준다는 점에서 매력적이기는 하지만 '믿음'에 의한 착각이라는 것을 이미 보았다. 또 하나의 해결책은 반 스프론센과 같이 다섯 명 모두를 발견자로 간주하는 방법이다.[9] 이것은 하나의 의견이기는 하지만 이처럼 많은 발견자를 정하는 것이 어느 정도의 의미가 있는가 하는 생각도 든다. 한편 이 장의 주제와는 다소 벗어나지만 우리는 왜 발견자를 지정하고 싶어 하는지에 대해도 '상식'을 점검할 필요가 있다.

또 한 가지 고찰한 것은 멘델레예프의 독무대식이 태어나게 된 이유이다. 그 해답으로는 나의 글 대신 영국의 과학사가인 나이트(D. M. Knight)의 말[10]을 인용하자.

「화학원소를 분류하는 주기율표를 제출한 것은 멘델레예프만이 아니다. 같은 시기 혹은 그 이전에도 영국, 프랑스, 독일의 화학자들이 비슷한 도식을 발표했다. 그러나 멘델레예프는 주기율표의 응용을 다른 사람들보다 원대한 전망을 갖고, 그 일에 자신의 공적을 걸었기 때문에 영예를 얻은 것이다.」

멘델레예프가 전망한 모든 것이 나중에 증명되지 않은 것은 이미 보아온 그대로이다.

참고문헌과 주

1 H. Wurzer, *Ann. Physik*, **56**, 331(1817).

2 J. W. van Spronsen, *The Periodic System of Chemical Elements-A History of the First Hundred Years*, Elsevier, Amsterdam, 1969. 일본어 역은 졸역, 『周期系の歷史』, 三共出版(1978).

3 멘델레예프는 '원자량이라고 부르는 물체의 원자 구조 가설을 전제하고 있다'라고 하면서도 '여기에서는 명칭이 문제가 아니라, "원자량"이라는 표현을 "원소량"으로 대체한다면 … 원자 개념은 피할 수 있을 것이다'라고 기술하고 있다. *Ann.*, Suppl. VIII, 133~229(1871). 일본어 역[6]이 있다.

4 Vis telluriques, '대지의 나선' '땅의 나선'으로 번역되는 경우도 많으나, '텔루르의 나선'이라는 번역도 사용되고 있다. 드 샹쿠르투아는 이 명명의 이유를 나선 중앙에 위치하는 원소 텔루르에 따른 것이며, 또한 'tellus라는 말은 가장 실제적이고 일상적인 의미에서 만물의 모체인 대지라는 뜻으로의 대지 terre를 의미하므로 tellurique라는 형용사는 실로 지각의 기원을 상기시키기 때문'이라고 설명하고 있다. 졸역[2]의 p.105-106.

5 마이어와 멘델레예프의 여러 논문은 野村昭之助·阪上正信가 번역했음. 『化學の原典 8, 元素の周期系』

6 『前揭書』[2]

7 D. I. Mendelejeff, *Prometheus*, **15**, 129(1903).

8 『前揭書』[2]에서 반 스프론센은 이 다섯 명에 추가하여 힌릭스도 발견자로 보고 있다. 그러나 힌릭스의 분류계는 주기율표라 부르기에는 무리이므로 제외했다.

9 相木肇, 相木美里 편저, 『科學史入門』, 內田老鶴圃(1984), p.35.

9.

원자 구조론의 탄생과 스펙트럼:
보어는 발머 공식을 설명하고 싶었는지...

니시오 시게코(西尾成子)

오차노미즈여자대학 이학부 물리학과 졸업. 일본 과
학기술 정보센터, 일본대학 이공학부를 거쳐 니혼대
학 이공학부 교수, 이학박사. 전공은 현대 물리학사.

1. 여는 말

1913년 덴마크의 보어(N. Bohr, 1885~1962)의 원자 구조 양자론은 1925년의 양자역학의 성립에 이르는 전기 양자론의 역사에서 그 출발점이었다는 의미로 매우 중요하다. 이 이론에 의해 수소원자 스펙트럼의 발머 공식이 완전히 증명된 것은 잘 알려져 있다. 그러므로 원자 스펙트럼 해명을 위한 노력으로 보어의 이론이 생겼다고 생각하기 쉽다.

실제로 대부분의 고교 물리 교과서에서[1] 보어 이론은 원자의 구조를 다룬 장에서 수소원자 스펙트럼의 규칙성(발머 공식) 다음에 나온다. 여기에서는 대부분 영국의 러더퍼드(E. Rutherford, 1871~1937)의 유핵원자에서의 잘못을 지적하고, 이어서 보어가 독특한 양자론적 가설을 러더퍼드 원자에 적용함으로써 발머 공식을 설명했다고 적었다. 여기에서 러더퍼드 원자의 잘못이란 원자핵 주위를 회전운동하는 전자는 전자기학에 의하면 전자파(빛)를 방출하고 에너지를 상실해서 서서히 궤도반지름이 짧아지며, 결국은 핵에 흡수된다는 것이다. 따라서 보통의 원자에서 볼 수 있는 안정성을 설명할 수 없다. 또한 이때 방출되는 빛은 연속 스펙트럼이 되므로 발머 공식에서 부여한 것과 같은 선 스펙트럼의 현상은 설명할 수 없다. 이러한 곤란을 '해결하기 위해서'라고 분명하게 쓴 교과서는 적으나, 문맥으로 보아 아무래도 곤란을 해결하기 위해서 보어는 스펙트럼을 단서로 그 이론을 형성했다는 인상을 받는다. 그러나 실제의 역사는 상황을 그렇게 간단하게 진행시키지 않았다. 또한 보어가 수립한 독특한 양자적 가설을 교과서에서는 다음과 같이 적는다.

(1) 원자는 안정상태가 존재하며 이 상태로 전자는 빛을 방출하지 않는다.

(2) 이 상태는 전자의 각운동량이 $h/2\pi$의 정수배(h는 플랑크 상수)를 취한다는 조건에 의해 결정된다(각운동량의 양자조건이라 부른다).

(3) 빛의 방출, 흡수는 안정상태 사이의 전이 때 생기며, 이때의 빛의 진동수 ν 는 $(E_i - E_f)/h$(E_i는 처음 상태의 에너지, E_f는 전이 상태의 에너지)가 주어진다(진동수조건이라 부른다).

그러나 보어의 처음 1913년 논문에서는 각운동량의 양자조건은 나타나지 않고, 다른 형태를 취하고 있다. 이것은 보어가 어떻게 이 이론을 형성했는가 하는 문제와 밀접한 관계가 있다. 다음에는 이 문제, 즉 보어가 어떻게 원자 구조론을 형성했는가를 추적하기로 하자.[2]

2. 1913년까지의 양자론

보어의 이론은 러더퍼드의 유핵원자 모델에 독특한 방법으로 양자론을 적용한 것이다. 그러면 우선 보어의 이론에 제출된 1913년경까지의 양자론을 개관하기로 한다.

1900년 독일의 플랑크(M. Planck, 1858~1947)는 열방사 에너지의 스펙트럼 분포를 설명하는 이론에서 양자설을 도입했다. 이것이 양자론의 발단이다. 이 이론에서 방사(빛)와 상호작용을 하는 물체로 1차원의 하

그림 9-1 | M. 플랑크(1858~1947)

전 조화진동자를 가정했으나, 이 진동자는 $h\nu$(ν는 진동자의 진동수)의 정수 배라는 불연속의 에너지밖에 취할 수 없었다. 이것은 고전론에서는 생각할 수 없는 심각한 결론이지만, 플랑크 자신은 이것보다는 오히려 보편정수 h의 존재를 중시했다. 이 심각성·중대성을 이해한 것은 아인슈타인(A. Einstein, 1879~1955)이었다.

아인슈타인은 1905년 플랑크와는 별도로 진동수 ν의 방사(빛)는 에너지 $h\nu$의 입자로서 작용한다는 광양자 가설을 제출하고, 이어서 1906년에는 현실의 원자에 플랑크 이론의 적용을 시도했다. 그는 고체를 구성하고 있는 원자를 각각 독립적으로 진동하는 3차원진동자로 간주하고, 이것에 플랑크진동자의 에너지에 대한 결과를 적용하여 고체의 비열을 계산했다. 대체로 상온에서 고체의 원자열은 구성원자의 종류에 관여하지 않고 일정(=3R, R은 기체 상수)하다는 듀롱─프티의 법칙이 성립되며, 이것은 고전통계역학으로 설명된다. 그러나 저온이 되면 이 법칙은 성립되지 않으며 원자열은 0에 가까워진다. 아인슈타인의 계산은 이 법칙과의 차이를 대체로 실명할 수 있었다. 그는 다시 1909년에 플랑크 이론이 갖는 의미를 발전시켜 방사(빛)가 파동과 입자라는 다소 모순된 성질을 이론적으로 증명했다.

한편 플랑크는 1906년 위상평면의 요소 영역인 h의 뜻을 중시하여 h를 작용양자라고 불렀다. 1910년부터 12년에 걸쳐 플랑크는 진동자와 방사(빛)의 상호작용의 메커니즘에 대해 고찰하고, 작용양자 h의 도입은 될 수 있는 한 보수적(고전론을 따르는)인 입장이었다. 즉 진동자에 있어서, 에너지의 흡수는 종전대로 연속이고 방출만은 불연속이라는 생각을 기초로 한 이론을 시도했다. 즉 진동자는 연속적인 에너지를 취할 수 있으나 에너지가 $h\nu$의 정배수가 되었을 때 일시에 확률적으로 빛을 방출한다고 믿었다. 이것은 플랑크의 제2이론이라 부르며, 나중에 보는 바와 같이 보어가 그의 이론을 형성할 때 중요한 역할을 한다.

아인슈타인의 고체 비열의 이론은 열역학 제3법칙을 제출하여 저온에서 물질의 성질을 연구하고 있던 독일의 네른스트(W. Nernst, 1864~1941)의 주목을 받게 되었다. 제3법칙에 의하면 절대 0도 가까이에서 모든 물질의 비열은 같은 값에 가까워지기 마련이다. 1910년까지 얻은 결과는 모두 그 비열이 0에 가까워서 아인슈타인의 이론과 일치한다. 그 당시 네른스트는 벨기에의 공업가 솔베이(E. Solvay, 1838~1922)로부터 물리학에 관한 회의를 개최할 것을 제안받았다. 그때 네른스트는 양자론을 중심과 제로 삼은 회의를 조직했다. 제1회 솔베이회의가 '방사의 이론과 양자'를 주제로 1911년 10월 30일~11월 3일에 벨기에의 브뤼셀에서 개최되어 유럽의 대표적 물리학자 약 20명이 참석했다. 이것을 기회로 양자론의 불가피성과 중요성이 널리 물리학계에 인식되었다. 이러한 뜻에서 이 회의는 양자론의 역사에서 하나의 획을 긋는 것이라고 할 수 있다.[3] 그러나 그 당시 h의 의미에 대한 생각은 나양했다. 대다수의 물리학자들은 원자 구조 혹은 원자와 방사(빛)의 상호작용에 의해 h가 관계있다고 생각했다. 아인슈타인의 광양자 가설은 영국의 맥스웰(J. C. Maxwell, 1831~1879)의 광전자파 이론과 반대로 200년 전의 뉴턴의 광입자설로 되돌아간 듯했고, 너무나도 대담한 생각으로 여겨져, 지지자는 매우 적었다.

　제1회 솔베이회의가 열렸던 1911년 보어는 금속전자론의 연구로 코펜하겐대학에서 학위를 취득했다. 이 학위논문을 보면 그가 전자론의 한계와 열방사 문제에 양자론 도입의 불가피성을 인식한 것을 알게 된다.[4] 그러나 보어는 이때, 구체적으로 어떻게 양자론을 적용할 것인가에 대해, 혹은 h의 의미에 대해 정확한 생각을 갖고 있지 않았다.

3. 보어의 화학적 관심

　보어는 1911년 말에 학위논문을 가지고 케임브리지대학 캐번디시 연구소의 J. J 톰슨(J. J. Thomson, 1856~1940)을 찾아갔다. 그러나 그 논문에 관해서 톰슨과는 거의 의논할 수 없었던 것 같다. 보어는 1912년 3월 중순에 맨체스터대학의 러더퍼드에게 가서 대략적인 방사능 연구의 실험

그림 9-2 | J. J. 톰슨(1856~1940)

적 훈련을 받고, 기체의 α선 흡수에 관한 이론 연구를 했다. 한편, 케임브리지대학에 있을 때부터 관심을 갖던 원자 내 전자의 배열에 대해 자신의 생각을 정리하기 시작했다.

보어는 1958년에 러더퍼드 기념 강연에서 케임브리지대학에 있을 때 '원자의 전자구성에 관한 J. J. 톰슨의 독창적인 생각에 깊은 흥미를 느꼈다'라고 말하고 있다.[5] J. J. 톰슨의 생각이란 그가 1903~1904년에 전개한 유명한 원자 모델로 양구 모델이라 부르며, 다음에 설명하는 바와 같이 화학적 색채가 짙은 것이었다.[6] 톰슨은 일정하게 양으로 하전된 구의 속에 이 구와 동심의 원주상에 여러 개의 전자가 같은 간격으로 배열된 계를 생각했다. 이 전자는 이 원주상을 일정한 각속도로 회전한다. 양구 및 전자 상호 간의 쿨롱 힘의 작용 아래에서 이 전자계가 안정하기 위한 조건을 고찰하면, 전자의 수를 증가시킬 때마다 몇 겹의 환상(環狀)으로 전자를 배열하면 안정하다는 것을 보여준다. 이렇게 해서 환상의 전자배열에

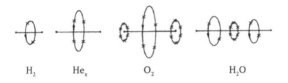

H_2 He_x O_2 H_2O

그림 9-3 | 보어의 1912년 메모에 그려진 그림에서(·표는 원자핵, X표는 전자를 나타낸다)

나타나는 주기성(단 주기적으로 같은 패턴이 나타나는 것은 안쪽의 환상만이나)에 의해 원소의 주기율과 화학결합이 적절하게 설명된다. 이러한 톰슨의 원자 모델이 구형이므로 원자의 안정성이 일단 보장되고, 원자 내 전자의 환상배열은 원소의 화학적 성질을 설명할 수 있으므로 당시 유력한 모델로 믿었다.

맨체스터대학에 온 보어는 다시 맨체스터그룹 사이에서 뛰어나게 많은 화학적 지식을 갖고 있는 헝가리의 헤베시(G. de Hevesy, 1885~1966)와 친해지고 그와 토론하며 적지 않는 자극을 받고, 자신의 생각을 보다 명확하게 굳혔다. 이때 보어가 주목한 것은 전에 제출한 러더퍼드의 유핵원자 모델이었다. 보어는 러더퍼드 원자를 사용하여 원소의 화학적 성질의 설명이라는 톰슨의 목표를 수행하려고 했다.

보어가 러더퍼드 원자에 주목한 것은 원자 그 자체의 크기에 비해 원자핵이 매우 작다는 것이었다. 먼저 인용한 러더퍼드 기념 강연에서 보어는 이 사실에서 원자의 여러 성질 중 핵에 유래하는 것과 주위의 전자군에 유래하는 것을 명확하게 구별할 수 있다고 확신했다. 그래서 방사능은

그림 9-4 | E. 러더퍼드(1871~1937)

핵의 현상이며, 보통의 물리적, 화학적 성질은 핵 외각전자에 의해 생기는 게 확실하다고 보어는 생각했다. 당시의 물리학자 대다수에게는 이것이 확실한 일이 아니었다. 방사능이 원자핵에 의한 현상이라는 것은 보어가 처음으로 언명했다. 이것은 1913년의 논문에 분명히 기술되었다.

다행히 1912년 초여름에 보어가 쓴, 원자 구조에 관한 보어의 생각을 러더퍼드에게 설명하는 메모가 남아 있다.[7] 여기에서 보어가 고찰한 것은 러더퍼드 원자와 이것들이 결합한 계(분자)의 원자 배열의 안정성이다. 원자의 구조는 양의 핵 주변에 수 개의 전자가 같은 간격으로 배열된 고리(Ring)가 회전하고 있는 계를 상상한다. 고리 속 한 전자의 전체 에너지를 계산하면, 그것이 n=7(n는 전자수)로서 음인 데 반해 n=8에서는 양으로 변한다. 따라서 이 계는 n≦7이면 안정하고 원소의 주기율을 설명할 수 있다고 보어는 명확히 기록하고 있다. 또한 〈그림 9-3〉과 같은 분자 구조를 가정하여 어느 분자가 안정한가를 고찰한다.

여기에서 주의해야 할 것은 보어는 러더퍼드 원자를 사용하고 있어도 원자 내 전자의 배열이나 분자의 안정성을 논할 때는 톰슨의 방법을 많이 참고한다는 점이다. 쿨롱 힘의 특성을 생각하면 알 수 있듯이 톰슨의 구형 모델과 러더퍼드 원자에 근거한 이론은 언뜻 생각하는 것처럼 서로 다른 것은 아니다. 구형모델에 있어서 특정한 전자에 작용하는 구형의 힘을 생각하면 톰슨이 가정한 것같이, 전하의 분포가 일정하면 이 전자를 포함한 동심구보다 바깥쪽의 양전하는 아무런 힘도 미치지 않는다. 안쪽 전자의 힘은 그 전하가 중심에 집중하고 있는 경우와 같다. 따라서 전자고리의 안정성을 논하면 톰슨 모델과 보어 모델 간의 논의에는 본질적인 차이가 거의 없다.

1912년의 메모는 앞에서 설명한 바와 같이 원자 내 전자의 안정한 위치와 분자결합의 문제를 다루고 스펙트럼은 전혀 언급하지 않았다. 보어가 처음으로 스펙트럼에 관심을 갖기 시작한 것은 훨씬 후인 1913년의 2월경이다. 그러나 그 후에도 그가 화학적 문제에 계속 관심을 갖고 있다는 것은 1913년 논문구성에서 명백히 드러나 있다. 보어의 1913년 논문 「원자와 분자의 구성에 대하여」는 3부로 되어 있고,[8] 제1부에서 이른바 보어의 원자 구조론이 제출되었고, 스펙트럼을 다루고 있으며 제2부와 제3부에서는 각각 원자 내 전자의 배열과 2개 이상의 핵을 갖는 계, 즉 분자 내 전자의 배열을 다루었다. 제2부, 제3부의 내용은 1912년의 메모에서 다룬 범위와 완전히 일치하며, 제1부의 대략 2배의 분량이 화학적 문제를 다루고 있다.

4. 보어 이론의 최초의 형태

맨체스터에 도착하자마자 보어는 러더퍼드 원자의 크기, 즉 전자 궤도
는 작용양자 h에 의해 결정된다는 확신을 얻었다.

보어의 이러한 확신은 러더퍼드로부터 솔베이 회의의 내용에서 들은
후 얻었다는 가능성이 있다. 그러나 러더퍼드 기념 강연에서 보어는 톰슨
원자에 h를 도입한 오스트리아의 하스(A. Hass, 1884~1941)의 시도(1910)
는 나중에야 알게 되었다고 말한다. 이러한 점으로 보면 1912년 봄에는
아직 솔베이회의의 내용을 충분히 알지 못했던 것 같다. 러더퍼드는 이
회의에서 관찰자의 위치에 있는 것 같다. 보어가 러더퍼드로부터 여러 가
지를 듣는 기회는 별로 없었던 것은 아닐까.

보어는 특히 특성 X선의 여기에 관한 위딩톤(R. Whiddington)의 실험
결과의 고찰에 의해 확신을 얻었다고 쓰여 있다. 위딩톤은 각 원소의 특정
X선을 여기하는 데 필요한 최소 전자 속도를 얻었다. 보어는 방사되는 X
선의 에너지 h가 이 속도를 갖는 전자 에너지와 같다고 보고 ν를 구했다.
그는 이 진동수 ν는 원자 내 전자의 진동수와 일치한다고 보고, 이것의 α
선이 기체에 의해 흡수되는 연구에서 그가 얻은 값과 같은 순서가 된다는
것을 확인했다. 이러한 결과가 원자 구조론에 h를 도입하는 데 자신감을
심어준 것 같다.

그러나 1912년의 메모에서는 아직 h를 사용하여 전자고리의 크기
를 정확히 얻지 못했다. 러더퍼드 원자에서 전자의 궤도반지름 α, 회전진
동수 ω, 운동에너지 T로 하면, 고전역학은 전자의 전체 에너지 W는 음

그림 9-5 | N. 보어(1885~1962)

이며(-W=T=$Ze^2/2a$, e는 전자의 전하, Ze는 원자핵의 전하), ω는 T에 의존한다 [T=m$(2\pi a\omega)^2/2$, m는 전자의 질량]. 보어는 여기에 T=Kω이라는 조건을 더해 전자의 궤도를 결정했다. K는 h에 1 정도의 계수가 걸린 상수로 상상한 것 같지만 이것을 확실히 정하는 원리는 없었다. 즉, 아직 양자조건을 얻지 못했다.

그렇다면 보어는 어떠한 근거로 양자조건을 얻고, 그것을 자신 있게 확신했을까. 그때 보어가 스펙트럼에 관심을 가진 것은 어떠한 의미를 갖는 것일까.

이러한 문제를 고찰하는 데 있어서 보어의 1913년의 논문 제1부의 이론 전개가 매우 많은 것을 시사한다. 제1부의 표제 '양의 원자핵에 의한 전자의 속박'이 가리키는 것과 같이, 여기에서는 우선 원자핵에 의해 전자가 포착되는 과정이 플랑크의 이론과 관련되었다. 이 과정에서 처음으로 양자조건이 도입되었지만 그것은 각운동량의 양자조건은 아니었다.

여기에서 보어가 인용하고 있는 플랑크 이론이라는 것은 앞에서 말한 1910년부터 12년에 걸쳐서 플랑크의 제2이론을 말하는 것이다.[9] 이 이론에는 보어의 이론으로 이어진 몇 가지의 현저한 특징이 포함된다. 우선, 하전입자의 진동이 그대로 전자기장의 진동(빛)을 야기한다는 고전 전자기학의 기본적인 사고가 여기에는 없다. 이때 진동자의 진동수와 방출되는 빛의 진동수가 같다는 점은 아직 고전론의 잔재가 있으나, 방사(빛)와 진동자의 진동과는 직접적인 연관이 없다. 제2부에 방사(빛)의 방출은 전적으로 확률적인 과정이다. 끝으로 방사(빛)의 방출에는 아마도 전자의 포획이나 방출이 관련될 것으로 예상한다. 다음에서 보는 바와 같이 보어의 초기 이론은 이러한 사고를 구체화시켰다.

여기서 제1부로 돌아가면, 보어는 우선 무한원에 정지된 전자가 원자핵에 끌려 궤도상을 운동하는 것으로 생각한다. 다음에 '전자가 속박되는 동안에 균질한 방사(빛)가 방출되고 그 진동수 ν는 전자의 최종 궤도에서 회전진동수 ω의 절반과 같다'고 가정한다. 보어는 방사의 시작에서 전자의 회전진동수는 0이므로 이 가정은 자명하나 그 근거는 확실치 않다. 한편, 이 과정에서 방출되는 방사(빛)에너지는 플랑크의 이론에 의하면 $\tau h\nu$ (τ는 정수)이다. 핵에 속박된 전자를 무한원의 정지상태를 갖기 위해서 에너지를 ω로 나타내면, 위의 가정에서

$$W = \tau h\nu = \tau h\omega/2$$

이다. 고전역학적으로 계산한 W와 ω의 관계는

184

$$\omega = \frac{\sqrt{2}}{\pi} - \frac{W^{3/2}}{e^2 Z \sqrt{m}}$$

로 부여된다. 이 두 식에서

$$W = \frac{2\pi^2 m e^4 Z^2}{\tau^2 h^2}, \quad \omega = \frac{4\pi^2 m e^4 Z^2}{\tau^3 h^3}, \quad 2a = \frac{\tau^2 h^2}{2\pi e^2 Z^2 m}$$

가 얻어진다.

위의 이론에 의하면 핵 주변에 놓인 전자가 정착하는 궤도는 τ의 값에 의해 다양하다. 여기에서 보어는 이와 같이 결정된 궤도상에서 계는 에너지를 방출하지 않는다는 가설을 설정했다. 방사하는 것은 전자가 핵에 포착되는 과정이나 한 준위에서 다른 준위로 전이할 때만 일어난다. 먼저의 식에서 Z=1, τ=1로 하고 W, ω, α의 값을 구하면 각각 수소의 이온화 퍼텐셜, 광학 스펙트럼의 진동수, 수소원자의 반지름을 바탕으로 먼저 이론의 정확성을 뒷받침한다.

이러한 뒷받침 아래에서 보어는 전이할 때의 에너지 변화를 계산하여 발머 공식을 얻었다. 즉, 진동수 조건을 사용하면 전자가 $\tau = \tau_1$의 상태에서 $\tau = \tau_2$의 상태로 전이할 때 방출되는 빛의 진동수는

$$h\nu = W\tau_2 - W\tau_1 = \frac{2\pi^2 m e^4}{h^2} \left(\frac{1}{\tau_2^2} - \frac{1}{\tau_1^2} \right)$$

로 주어지고, 이것이 발머 공식과 일치하는 것을 나타낸 것이다.

여기에서 알 수 있는 것은 전자의 각운동량이 h/2π의 정수배라는 양

자조건이 없다는 것이다. 이 논문의 뒷부분에서 보어는 안정상태에서 각 운동량이 h/2π의 정배수가 된다고 했으나, 그것은 먼저 이론의 결과로 인해 유도된 것이지 그것에서 이론을 유도한 것은 아니다.

수소 스펙트럼을 설명한 다음 보어는 다시 처음에 가정한 양자조건 W=τhω/2의 기초 설정을 시도했다. 그 방법은 이른바 대응원리에 의한 것이다. 즉 τ가 큰 것은 양자론적인 방사광의 진동수가 고전론적인 궤도의 진동수에 점점 가까워지는 것과 일치한다는 요구에서 W=τhω/2를 구하는 것이다.

1913년의 12월에 코펜하겐의 물리학회 강연에서 보어는 대응론적인 고찰로 수소의 안정상태를 결정했다. 또한 그는 그가 최초로 이 이론에 도달한 것은 이 방법에 의한 것이 아니고, 플랑크의 진동자를 근거로 했다고 언급했다. 따라서 앞에서 요약한 최초 논문의 제시가 보어의 처음 논문의 전개법을 나타낸다고 봐야 할 것이다.

5. 닫는 말: 스펙트럼의 역할

보어가 스펙트럼에 관심을 나타낸 것은 1913년 2월 초의 일이다. 벨기에의 로젠펠드(L. Rosenfeld, 1904~1974)에 의하면[10] 보어가 연하의 친구인 덴마크의 한센(H. M. Hansen, 1886~1956)으로부터 처음으로 스펙트럼의 발머 공식에 주의를 기울이도록 권유를 받았다. 이때까지 보어는 스펙트럼 같은 복잡한 것은 원자 구조를 해명하는 데 관계가 없다고 여겼으나, 발머 공식을 본 순간 모든 것이 명백해졌다고 말했다고 한다. 보어는 후에 자주 이러한 것을 말했다고 하는데, 이때 보어는 "어떤 것의" 일체가 명백한가에 대해서는 말하지 않았다.

여기에서 발머 공식에 의해 문제가 해결되었다. 즉 양자조건을 얻었다라는 뜻으로 해석할 수 있다.[11] 그러나 이것은 보어의 이론은 스펙트럼의 이론이라는 선입관에 의한 해석은 아닐지. 만약 보어의 말대로 최초로 이 이론에 도달한 것이 플랑크의 진동자가 단서였다고 한다면, 자기의 이론에 의한 발머 공식은 어떻게 설명한 것인가, 모든 것이 명백해졌다는 뜻으로 해석하는 것도 가능하다. 즉 전자의 속박 과정의 고찰에 의해 이미 이룬 이론을 발머 공식에 적용하여 그 이론을 반증할 수 있다고 해석할 수 있다.

실제로 한센으로부터 발머 공식의 시사 이전인 1912년~13년 초에 걸쳐, 러더퍼드나 친구들에게 쓴 편지에서 보어는 자신의 원자와 분자에 대한 논문을 곧 발표한 것이라고 자주 말했다.[12] 즉 발머 공식을 알기 이전에 이미 보어는 자신의 이론이 완성에 가깝다는 것을 자각하고 있었다. 그때 그가 생각하고 있었던 것은 원자핵에 의한 전자의 속박 과정의 문제였다고 추정된다. 스펙트럼을 착안한 다음부터 보어의 진보는 놀라울 정도로 빨라 거의 1개월이 지날 무렵인 3월 6일에는 논문의 초고를 끝내고 러더퍼드에게 보냈다. 이때 러더퍼드에게 쓴 편지에서 속박 과정의 고찰로 이미 그의 이론은 완성되었으며, 2월 중에는 그것을 발머 공식에 적용했을 뿐이었다는 해석이 성립된다. 발머 공식은 그 자체가 목표 혹은 해결의 열쇠라기보다 그때까지 형태를 이룬 이론에 한층 더 기틀을 마련하기 위해 동원되었다고 할 수 있다.

　보어의 이론은 원래 원자의 화학적 성질의 설명을 주요 목표로 하고 있었다. 보어가 처음에 사용한 양자조건은 플랑크의 제2이론 시사를 통해 생각했다고 본다. 발머 공식은 보어 이론의 형성에 있어서 최후의 결정 방법을 주었다. 발머 공식을 다루는 것으로서 보어의 이론은 이제 새로운 이론적 전망을 열 수 있게 되었다. 즉 양자전이의 발상이다. 이러한 발상에서 전기 양자론이 발전한다. 그러나 그 발전은 스펙트럼의 연구만으로 이루어진 것은 아니다. 화학적 고찰이 중요한 역할을 이루었다.[13] 보어의 초기의 문제는 계속 살아 있다. 이것에 일단의 종지부를 찍은 것은 1921년이다. 이 해에 보어는 주기율표의 관련 하에서 원자의 구조를 총괄적으로 논했다.[14]

참고문헌과 주

1 대부분의 고교 화학 교과서는 보어의 이론을 다루지 않았다. 원자 내 전자배치 (각 구조)와 관련하여 보어의 이름과 그 이론에 의해 수소 스펙트럼이 설명될 수 있다는 정도의 내용을 적은 교과서가 2~3개 있을 정도이다. 그러므로 이 장에서는 T서적 2종, G출판 3종, S당, S출판, K딩, O출판, D도서, K관의 물리 교과서를 참조했다.

2 이하의 논의는 주로 廣重微, 西尾成子, 『科學史硏究』, 71호(1967), p.97; 『科學史硏究』, 97호(1971), p.7에 의한다. 모두가 『廣重微科學史論文集2原子構造論史』, みすず書房(1981), p.7, 41에 수록되어 있다.

3 제1회 솔베이회의의 기록은 일본어 역이 있다. 小川和成 역·해설, 『物理科學の古典8, 第1回ソルヴェ會議報告·輻射の異論と量子』, 東海大學出版會(1982). 또한 솔베이회의는 그 후 현재에 이르기까지 3년에 한 번 정도로 개최하며, 특히 국제회의가 오늘날과 같이 빈번하게 열리지 않았던 금세기 초에 물리학의 발전에 중요한 역할을 했다.

4 보어의 학위논문. N. Bohr, *Studier over Metallernes Elektrontheori, Copenhagen,* 1911; *Niels Bohr Collected Works*, **1**, North-Holland Pub. Co., Amsterdam, 1972, p.165에 수록. 영역도 같은 p.291에 수록. 일본어 역은 物理學史硏究刊行會編, 『物理學古典論文叢書11·金屬電子論』, 東海大學出版會(1969), p.106에 수록. 특히 p.211 참조할 것.

5 N. Bohr, *Proc. Phys, Soc.,* **78**, 1083(1961), p.1084-1087.

6 J. J. Thomson, *Phil. Mag.,* (6)**7**, 237(1904). 일본어 역은 物理學史研究刊行會編,『物理學古典論文叢書10·原子構造論』, 東海大學出版會(1969), p.45에 수록.

7 *Niels Bohr Colleted Works,* **2,** North-Hollaud Pub. Co., Amsterdam, 1981, p.135에 수록

8 N. Bohr, 제1부 *Phil. Mag.* (6)**26**, 1., 제2부 *ibid.,* 476., 제3부 *ibid.,* 867(1913)., 주^6 p.159에 3부 요약 수록. 제1부의 일본어 역은 주^5 p.161에 수록.

9 M. Planck, *Ann. d. Phys.,* **31**, 753(1910) 및 *ibid.,* **37**, 642(1912). 제2논문의 일본어 역은 주^5 p.143에 수록

10 L. Rosenfeld. Introduction to N. Bohr, *On the Constitution of Atoms and Molecules,* Munksgaard, Copenhagen, 1963.

11 예를 들어 하이브런과 쿤은 발머 공식이 최종적인 해결책을 제공하는 것으로 간주했다. 양자조건, W=(τh/2)ω은 발머 공식에서 역으로, 그것과 수치적인 일치를 얻을 수 있게 한 것으로 추정한다. J. L. Heilbron, T. S. Kuhn, *Hist. Stud. Phys. Sci.,* 1, 211(1969), ハイルブロン,『パリティ』, 1986, 5월호, p.40.

12 러더퍼드 앞으로의 편지(1912. 11. 4일 자, 1913. 1. 31일 자), 오센 앞으로의

편지(1913. 2. 5일부), 헤베시 앞으로의 편지(1913. 2. 7일 자) 등. 이것들은 모두 주⁶ p.491에 수록

13 西尾成子, 『科學史研究』, 88호(1968), p.177.

14 예를 들면 N. Bohr, *Nature*, **107**, 104., ibid., **108**, 208(1921).

앞 장까지의 감상과 의견:
해결된 것, 해결해야 할 것

화학사에서 우리가 옳다고 여기고 있는 '상식'에는 의외로 잘못된 것이 많다. 이러한 이른바 '상식의 오류'를 2장과 8장에 걸쳐 개별적으로 다루었다. 모든 것을 지적한 것은 아니지만, '상식의 오류'가 생긴 원천과 이것이 생겨나는 과정 같은 것을 어느 정도 밝혔다고 생각한다.

그러나 문제는 이것으로 끝난 것이 아니다. 이 책의 원형은 『化學と教育』에 연재된 강좌 "化學史·常識のウソ"인데 연재 중 많은 독자들에게 여러 가지 의견을 들었다. 화학사의 잘못된 것을 알았다면 잘못이 없는 통사(通史)의 책을 제시해 달라, 화학 수업에서 다룰 때 화학사상으로 다소 문제가 있어도 수업이 끝나면 허용되는 것이 아니냐, 이 강좌의 입장은 어디까지나 화학사 하나의 입장이며, 이것만이 유일한 것은 아닐 것이다 등등이다.

이러한 것은 분명히 생각해야 할 문제이다. 그러나 하나하나 다루는 것은 이 강좌(따라서 이 책의)의 범위로는 불가능하다. 그러므로 이 점에 대해 조금이라도 해결하고자 강좌와는 약간 다른 모양을 갖도록 했다. 즉 이상과 같은 의견을 대표하는 뜻에서 9장까지 읽은 감상과 의견을 몇 분에게 듣고 10장에서는 그러한 의견도 포함하여 책 전체의 결론을 내리고자 한다.

다음은 집필을 부탁한 세 분의 감상과 의견이다. 10장의 '닫는 말'은 가시와기 하지메(柏木肇) 씨에게 부탁했다. 문제를 생각하는 데 도움이 되는 재료들은 여기에서 제공될 것이다.

(편자)

역사 기술의 어려움

와타나베 마사도시(渡部正利)

도쿄교육대학 이학부 화학과 졸업. 도쿄공업시험
소, 고가쿠인대학을 거쳐, 고가쿠인대학 공학부 교
수. 공업박사. 전공은 착물화학, 과학교육.

나는 매년 대학에서 많은 학생들에게 화학을 강의하므로, 지금까지의 화학사에 거짓이 많다고 하면 좀 곤혹스럽다. 화학을 가르치는 데 화학사의 필요 여부에 대한 의견이 갈릴 수 있지만, 화학 수업에서 '사람의 됨됨이'를 다루면 좀 더 친밀감을 느끼므로 나는 가끔 또는 어떤 장을 시작하기 전에 화학사를 약간 이야기하곤 한다. 이 연재물 전체에 관한 감상을 쓰는 것은 대단히 어려우므로 둘이서 분담하여 쓰기로 했다. 나는 1장을 포함해 후반 부분을 쓰기로 했다.

1장의 시마하라 씨의 '오류가 생기는 근원'은 많은 것을 생각하게 한다. 시마하라 씨에 의하면 일반적인 화학 서적과 함께 고교 교과서의 화학사 내용에는 '잠깐!' 해야 할 부분이 많다고 한다. '오류'가 생기는 근원으로는 다음과 같다.

1. 화학은 끊임없이 단계적으로 진보 발전한다는 거짓
2. 화학의 법칙은 항상 실험 결과에 의해 유도된다는 거짓
3. 법칙의 발견자는 자신의 발견 내용을 후대 사람들이 이해하는 것과 같은 개념으로 이해한다는 거짓
4. 화학사란 천재들 일화의 집합소라는 거짓

1에서부터 4의 내용은 화학사에 국한된 것은 아니라고 생각한다. 특히 1과 4에 대해서는 국사·세계사 등 이른바 역사책에도 해당되는 것이 많다. 교과서에서 화학은 진보 발전하는 것같이 적혀 있어도 도중의 우여

곡절을 부정하거나 '끊임없이'를 강조한다고도 할 수 없지만…. 학문의 흐름 속에서의 우여곡절을 생략하는 것은 어쩐지 의심스럽지만 '생략하면' 지금과 같은 교과서가 된다고 할 수 없지 않을까. 2와 3은 시마하라 씨가 말한 그대로라고 여긴다. 4에는 가르치는 교사의 인생관이 크게 작용하지 않을까. 영웅이나 천재들만으로 역사를 이룬다는 것이 아니라는 데 유념할 필요가 있다.

5장의 오오노 씨의 논문 「아보가드로는 분자 개념을 제시했는가.」에 대해서 느낀 바를 적어 본다. 여기에서는 아보가드로는 '등온 등압 하에서 같은 부피 속에 기체는 같은 수의 입자가 있다'라는 같은 수 가설을 고집하고 있는데 '원자가 몇 개 모여 분자가 된다'라는 생각은 없었으며 원자의 존재조차 인정하지 않았다고 한다. '화학반응을 일으킬 때 입자가 분열하는 경우가 있다'라고 말하는 것에 불과하다. 반면, 그렇다면 같은 수 가설의 '같은 수'는 무엇을 가리키는 것일까. 그것을 분자로 부른다고 생각하는데, 이야기는 다르지만 화학의 분야에서는 많은 사람이 여러 설을 설명하다 그 현상이 법칙화된 것이 많다. 그러나 고교 교과서에서 인명을 많이 기재하면 배우는 사람에게 혼란이 생기지 않을까. 당시의 화학자가 현대의 화학자 수준에서 사물을 이해하지 못했다는 이 책 저자들의 의견은 당연하다고 생각한다. 여러 가지 화학적 개념이 많은 사람이 제출한 논문에서 성립된다면 발견자로서 어느 사람의 이름을 들어도 부자연스럽다. 그렇다고 화학을 처음 배우는 사람들에게 초기의 사람들 이름이 불필요하다고 생각하진 않는다.

6장의 '원자량이 먼저인가 당량이 먼저인가'는 재미있었다. 화학을 가르칠 때, 화학의 초기에 사람들이 어떻게 '원자량' '당량' '원자가'를 결정하는지 생각하게 되었으므로 공부가 되었다. 19세기 중엽의 원자량 혼돈기에 베르셀리우스는 많이 노력하여 원자량표를 제출했다. 그 후 여기에 새로운 값을 받아들여, 오늘날의 원자량에 가깝게 되었다는 것을 알았다. 실험에서 바로 얻을 수 있는 당량이 화학의 역사 속에서 지배적이었다면, 화학의 단위에서 당량을 없애자는 SI 단위계의 교육방법에 의심을 갖는 것도 납득이 된다.

7장의 '요소의 합성과 생기론'에서 뵐러가 생기론을 타파했는지 어쩐지 최후까지 마음을 졸이면서 읽었다. 1828년 뵐러는 요소를 합성하여 은사인 베르셀리우스에게 '사람도 개도 사용하지 않고 요소를 합성했습니다'라는 편지를 보내고 있다. 그러나 뵐러는 그 원료인 시안산도 암모니아도 유기물에서 합성된 것이므로 '유기성이 소멸되지 않았으므로 유기물이 생겼다고 해서 이상할 것이 없다고 할 철학자가 있을 것입니다'라고 말하고 있다. 이 글은 뵐러가 생기론을 버리지 않았다는 증거이다. '유기물과 무기물의 경계는 없다'라고 주장한 것은 콜베(1845)라고 말하지만 나는 뵐러가 유기물의 생기론에 구분을 지으려고 생각한 것처럼 해석된다.

8장 시마하라 씨의 '주기율의 발견자는 누구인가'도 재미있게 읽었다. 주기율표의 발견자는 다섯 명 정도 있다고 한다. 만일 줄인다면 마이어와 멘델레예프이고 그 이상은 더 줄일 수 없다. 화학을 배우기 시작할 때 사람 이름이 지나치게 많으면 암기하기가 어렵지만 역사가의 입장에서는 한 명으로 하고 싶지 않은 기분도 이해한다.

'화학사 상식의 오류'라는 이 시리즈는 '오류를 바로 잡았다'라고 하기보다 '역사 기록의 어려움'이나 '법칙이 성립할 때까지의 과정'을 가르쳐준 시리즈이다.

단순화는 어디까지 적용할 것인가?

야노 다카유키(先野敬幸)

도쿄대학 이학계 대학원 석사과정 수료. 도쿄대학
우주항공연구소를 거쳐, 히도츠바시대학 교수(화
학 연구실). 이학박사. 전공은 반응속도론.

화학사를 강의의 양념용으로 가끔 읽는 나는 이 "화학사·상식의 오류" 시리즈에서 배울 점이 많았다. 그리고 각 논자들의 설을 읽으면서 차분한 기분을 느낄 수 있었다는 것도 사실이다. 화학사를 전문으로 하지 않은 입장에서 전문적 화학사에 대해 어떻게 반응했는지 하나의 실례로서 설명하고자 한다.

2장의 '라부아지에와 질량 보존의 법칙'의 논지에서 라부아지에는 질량이 보존된다는 것을 알았지만 발견자는 아니라고 해석했다. 따라서 누가 발견자인지 분명하지 않아 마음이 답답하다. 말할 필요도 없이 라부아지에의 최대의 공적은 '연소 이론'의 확립이다. 이 과정에서 그는 그때까지 강력했던 '연소(燃素) 이론'의 타도를 강요당했다. 연소의 속성은 매우 신비적이고, 열과 관계되며 질량이 없거나 혹은 음의 질량조차 가정했다. 이러한 상황에서 열의 출입을 동반하는 연소반응의 전후에서 중량(질량)이 변화하지 않는다는 실험 사실을 발견하고, 그것을 원칙으로 설명한 그에게 영예를 부여해야 마땅하다고 생각한다.

3장의 '돌턴의 원자설'에 대해서는, 원자론을 가설로 제안한 것이 아니라는 대목에는 크게 찬성한다. 그러나 배수 비례의 발견자는 돌턴이 아니고 울러스턴이라는 설에는 납득할 수 없었다. 원저도 읽지 않고 주제넘은 소리지만 1808년의 논문에서 원자론을 발표했을 때 돌턴은 자신의 설을 보강하는 학설을 전개했다고 상상한 것이다. 예를 들면 화학변화는 원자 사이의 변환이므로 질량이 보존되고, 일정 성분비 관계가 성립되며 또한 배수 비례(이러한 용어를 사용하지 않았는지도 모르나)도 성립된다고 생각한다. 만일 그렇다면, 원자론 발표 후 6년이나 지나서 배수 비례를 발견했다면 누가 자랑하겠는가. 저자도 지적하는 바와 같이, 이 관계는 원자론에서 연역되고 그 자체가 법칙으로서 가치가 없는 것이기 때문이다.

4장의 '일정 성분비 법칙 논쟁'에서 프루스트가 발견자가 아니라는 것을 잘 알았고, 베르톨레가 당시에 유력하고 이론적으로도 강력한 화학자라는 것도 잘 알았다. 그래서 이것만으로도 이 논쟁에서 프루스트가 패배하지 않았다는 사실의 의미는 크다고 여겨진다. 만일 패배했다면 원자론을 받아들이는 것은 매우 늦어졌을 것이다.

교육에서의 화학사는 학생에게 흥미를 느끼게 하는 데 있지, 전문적 연구 발표의 장은 아니므로 사실(史實)상의 큰 잘못은 바로 잡을 필요가 있지만 어느 정도의 단순화는 부득이하다고 생각한다. 너무 상세한 논의는 자칫 비전문가나 학생의 이해를 초월해 버리는 것이 아닐까.

상식을 비판하는 상식의 시각

가라키다 겐이치(唐木田健一)

도쿄대학 이학부 졸업. 미쓰비시 화성 생명과학연
구소 특별 연구원을 거쳐 후지제록스(주) 종합연구
소 과장, 이학박사. 전공은 광반도체와 연구방법론.

1. 여는 말

이 시리즈를 무척 재미있게 읽었다. 그러나 동시에 나도 교양 과정의 강의에서 이 내용과 유사한 역사 과정을 언급한 경험이 있으므로 매우 '긴장'을 했다는 것을 첨부하고자 한다. 이 책에서 밝혀진 내용의 전부는 현대 과학사의 제1선에서의 성과여서 앞으로(필요하면 여러 의논을 거쳐) 새로운 상식 혹은 그 일부가 될 수 있는 내용이다.

2. 귀납주의의 비판

이 시리즈에서는 이미 귀납주의에 대한 비판이 철저했다고 여겨진다. 귀납주의는 단순화시켜 표현하면, 과학 이론은 데이터(관찰 결과)의 축적에 의해 연속적으로 진보한다는 전통적인 생각을 말하는 것이다.

분명히 이론의 변화는 추론의 축적만이 아니라 '도중에 더욱더 비약이 있을 터…'(1장)이고, 돌턴은 여러 관찰의 결과 원자론에 이른 것이 아니고, 반대로 원자론은 그의 사고의 개시점 '전제'였다는 지적(3장)은 지극히 합당하고 이론적이다.

2장에서도 다루었으나 질량 보존이니 하는 일반 법칙은 어떻게 검증이 가능하단 말인가. 실험이란 항상 개별적인 것이고 그 수는 유한하다. 게다가 반드시 오차가 뒤따른다는 것도 잊어서는 안 된다. 우리에게 가능한 것은 질량 보존을 법칙으로서 전제한다는 사실뿐이다. 이러한 사정은 실험 수가 증가하거나 측정 정밀도가 향상되어도 기본적인 변화는 없다.

우리는 가상적으로 고정밀도 실험을 하면 화학반응에서 질량 보존 법칙이 타파된다는 것을 알고 있다. 대체로 화학반응에는 열 등의 에너지 출입이 있고, 이것에 대응하는 질량의 증감이 발생하기 때문이다.[1]

이렇게 귀납주의는 거절당한다. 그러나 이것으로 우리는 역사상의 인물 평가를 어떤 입장에서 할 것인가 하는 새로운 어려움을 맞게 된다.[2] 내 생각으로 현대 과학사는 아직 충분하게 이 문제를 해결하지 못한다.

3. 발견자의 성격

여기에서 이 시리즈에 등장한 발견자들의 성격을 역사가의 기술에 근거하여 관찰해 보자. 발견자들은 자기의 발견에 대해 뜻밖에도 '겸손'하다는 것을 알게 된다. 예를 들면 5장에서 '… 아보가드로는 **겸허하게도** …' [굵은 글씨는 인용자에 의한다(앞으로 같다)]라는 표현이 있다. 또한 7장에서는 '뵐러는 … 이(무기물에서 유기물이 만들어진다는) 문제에 **회의적이었다**'라고 기술한다. 혹은 '플랑크는 이(진동자가 불연속한 에너지밖에 취할 수 없다는 심각한) 일에 주목하기보다 오히려 보편상수 h의 존재를 중시했다'(9장) 나아가서 이 시리즈에서는 발견자라고 하지 않았으나 '라부아지에가 질량 보존의 사실을 언급한 말을 보면 그의 어조는 **담담한 것의** …'(2장)이었다.

참고로 이 시리즈의 주제에서 좀 벗어나면, 예컨대 『천체의 회전에 대해서』 일본어판의 역자는 '코페르니쿠스의 문제에 대한 제기 방법은 매우 **보수적**이었다 …'로 쓰고 있으며,[3] 다른 보기에 의하면 아인슈타인 '…

은 광양자의 생각을 **저자세**로 제출한다.[4]

　귀납주의를 거절한 현대 과학사의 '상식'에 의하면, 발견자는 그 시대 (낡은) 사고의 테두리와 단절하거나 그것과 대항하는 테두리에 근거하여 사고한다.[5] 그러나 앞에서 말한 관찰은 발견자들이 낡은 테두리 안에서만 사고한다고 말한다. 바꿔 말하면 그들의 '비약'의 발판은 낡은 사고의 테두리에 있으며, 그것은 그들의 '비약'의 조건을 제공하고 있는 것이다.[6] 과학사가는 원전을 추구하는 과정에서 발견자의 뜻밖의 '낡음'을 접하고 놀란 나머지 그 평가를 망설인다.[7]

4. 도대체 그들은 누구인가?[8]

　'프루스트는 화합물과 용액을 구분하는 기준을 밝힐 수가 없었다'(4장). 또한 아보가드로는 '… 원자와 그 집단인 분자를 개념상 명확하게 구별하는 것…조차 하지 않았다'(5장). 혹은 멘델레예프(그리고 마이어) '… 있어도 자신의 발견의 의미를 완전히 이해하고 있었던 것은 아니다'(8장).

　이미 지적한 바와 같이 발견자들은 원래 엄청나게 고리타분하다. 따라서 '법칙의 발견자는 자신의 발견 내용을 후세 사람이 이해하는 것과 같은 모양으로 이해한다는 거짓'(1장)을 '고발'하는 것만으로는 매우 불충분하다. 그러므로 우리는 고리타분한 개념이 계속 현대를 사는 우리에게도 호응받는 것이 무엇이며 새로운 것을 어떠한 내용과 형식으로 제기하는지 파악하는 일도 중요하다.

'… 프루스트를 "일정 성분비 이론"의 발견자로 생각할 수는 없다'(4장). 또는 '아보가드로를 분자설의 창시자로 볼 수 있는지 물으면, 그 답은 명확하게 아니다이다'(5장). 그렇다면 그들은 현대의 우리에게 있어서 누구란 말인가? 이것이 나에게는 기본적인 문제이다.[2] 혹은 같은 일이 되지만 '… 라부아지에의 시대에는 질량 혹은 물질의 보존을 새삼스럽게 법칙으로 말할 만한 사상은 없었다…'(2장)라고 한다. 그러면 질량 보존 법칙에 관해 라부아지에란 우리에게 있어서 어떤 인물인가? 나는 대답을 듣고 싶다.

'뵐러는 요소의 합성에 의해 생기론을 부정하려 **하지 않았으나**, 그의 업적은 합성이라는 사실로써 무기화합물과 유기화합물을 구별하는 일은 이미 무의미하다는 화학자의 이해를 형성하는 데 **기여했다**'(7장).

그렇다면 멘델레예프는? 8장의 저자는 멘델레예프에 관한 과학사가 나이트의 긍정적(이라고 나는 생각한다) 평가를 인용하고 있다. 그러나 그 인용 내용을 전적으로 받아들이는 것을 보류하는 것처럼 여겨진다.

5. 닫는 말

과학 교육의 계발적 발견적 방법에서 현대 역사 흐름의 이해(과학사)가 중요하다는 지적(6장)은 나도 동감한다. 이것에 대해서는 별도로 고찰할 기회를 갖고 싶다.[9]

참고문헌과 주

1 이것에 관한 사정은 다음의 문헌에 알기 쉽게 기술되어 있다. C. F. 칼슨, 桂愛景 역, 『戱曲アインシュタインの祕密』, Science House(1982), p.53–58. 이 책은 특히 젊은 독자에게 권장한다.

2 唐木田健一, 『化學史研究』, 1985, 186.

3 Copernicus, 失島祐利 역, 『天體の回轉について』, 岩波書店(1953)에서의 '역자서' 참고

4 高林武彦, 『量子論の發展史』, 中失公論社(1977), p.34.

5 과학사를 비롯한 여러 분야에서 크게 유행한 Kuhn의 'パラダイム論'에 의하면 그렇게 된다. T. S. Kuhn, *The Structure of Scientific Revolutions*(1962); 中山茂역, 『科學革命の構造』, みすず書房(1971). 이 책에서는 사고의 테두리를 'パラダイム'이라는 이름으로 부르고 있다.

6 唐木田健一, 『科學基礎論研究』, **16**(1983), p.17.

7 예컨대 코페르니쿠스의 "낡음"이 장애가 되어 그에 관한 평가가 혼란스럽게 된 모양은 다음의 문헌에서 명쾌하게 요약하고 있다. 板倉聖宣, 『科學と方法』, 季節社(1969).

8 本多勝一, 『貧困なる精神第0集』, すずさわ書店(1977), p.174.

9 이렇게 쓰고 나니 '흔히 통용되는' 내용을 밝히려고 할지 모르겠다. 나는 외국인 명의 표기법은 『岩波理化學辭典』에 따랐다. 그러나 이것이 좋은 생각이라고 장담하진 않는다.

10.

화학 교육에서 화학사를 도입한 의미:
화학사의 현상에서

가시와기 하지메(相木 肇)

도쿄대학 이학부 화학과 졸업. 도쿄대학 조수, 나고야대학 교양부 교수, 난야마대학 교수 역임. 나고야대학 명예교수, 화학사학회 회장, 이학박사. 전공은 과학사 특히 화학사 그리고 근대 영국의 과학과 그 환경.

이제부터 이 책에서 여러 가지 어려운 점을 지적한 현행 일본 교과서의 화학사 특징을 화학사 현상에 입각하여, 화학사를 화학 교육에 도입하는 의미와 이것과 관련된 몇 가지 문제점을 생각해 보기로 한다.

1. 화학 교육과 화학의 사료편찬

이 책의 권두에서 시마하라 씨는 화학사에서 '상식의 오류'가 생기는 근원으로 다섯 가지의 선입관을 들고 있다. 그것에 의하면 '오류'는 '화학'이란 이렇게 되어야 한다는 선입관에 의해 생긴다고 했다. 즉 '화학사'는 이렇게 기술되어야 한다는 편견에 치우쳐 있기 때문이다. 이것에 대해 좀 더 깊이 생각하면, 시마하라 씨가 선입관이 생기는 계기로 본 것은 '화학사' 그 자체에 있기보다는 그것을 쓰는 방법에 있다고 생각한다. 그러나 문제는 쓰는 방법이 어떻든 간에 쓰인 결과가 '화학사'이므로 거기에는 역시 애매한 부분이 남는다.

그러므로 이 의미를 좀 더 명확하게 하기 위해서 다음과 같이 바꾸어 말해보자. 즉,

「과거에서 현재에 이르기까지 화학은 어떠한 지식을 화학의 고유한 것으로서 축적해 왔는가, 화학이라는 학문의 내용은 역사 속에서 어떻게 변화하여 진보했는가를 설명하는 것이 화학사이다.」

시마하라 씨가 다섯 가지 선입관으로 지적한 각각의 조항은 모두가 화학의 내용과 관계가 있으므로 화학사를 이와 같이 해석해도 시마하라 씨의 이해와 큰 차이는 없을 것이다. 그러므로 문제의 핵심인 **쓰는 방법**이라는 부분은 다시 말해 글 속의 **설명** 방법에 달려 있다고 볼 수 있다. 더불어 쉽게 말하면 역사를 쓰는 방법을 이제부터 논의의 편의상 역사편찬(Historiography)이라는 말을 사용하기로 하자. 그러면 '화학사를 쓰는 방법'은 '화학의 역사편찬'이라는 말로 옮기게 된다. 여기서 역사편찬이라는 말을 꺼낸 이유는 이것이 역사에서 가장 기본적인 개념이고, 상이한 역사편찬 아래에서 쓰인 역사는 전혀 다르게 변모하기 때문이다.

이 책이 상식의 오류를 밝히기 위해 비판의 도마 위에 올려놓은 것은 현행 고교의 화학 교과서이므로 여기에 기재된 화학사도 앞에서 말한 바와 같이 화학의 내용, 즉 현대의 화학자 공동체가 자신의 분야로서 포함하고, 무엇인가 관련이 있다고 인정한 지식의 총체에 관한 역사이다. 이것이 의도하는 것은 화학의 진보를 역사적으로 해명하는 데 있다. 즉 학문의 발전과정이 역사편찬의 근원이 된다. 따라서 이 책의 각 저자는 집필에 관련하는 한 이 역사편찬에 주목하면서 대응해야 한다고 보는 것이 일의 진행상 당연하다. 나는 '화학사의 현상'이라는 부제목이 붙어 있는 관계상, 여기서는 뒤에 설명한 대로 이 역사편찬을 이탈하는 국면을 고찰하는 데 중점을 두고자 한다.

한편 교육, 연구, 계몽, 사회적 제안 등 일반적인 화학자의 행동에는 여러 가지 측면이 있다. 그들은 이러한 행동을 통해 자신의 의견을 상대에게 설득하는 기회가 된다. 이러한 경우에는 설득 효과를 높이기 위해서 필요에 따라서는 모종의 레토릭(수사법, 돌려 말하기)이 사용된다. 이른바 설득의 논리라고도 할 수 있는 논리 구성 중에 자주 포함되는 것이 학문의 발전 과정에서의 역사 논리이다. 이것이 한 화학자에게만 있는 특유한 경향이 아닌 것은 말할 필요도 없다. 이 레토릭은 당면의 문제와 직접 관계가 없는 사례로서 구성 논리가 일반적으로 채용되는 경우도 있으며, 의견의 초점인 문제 자체를 역사적 논리 속에 포함시켜 의견의 취지의 정당성을 주장하는 경우도 있다. 그리고 이러한 부류의 레토릭을 사용하는 것이 상대의 심리에 플러스의 영향을 미친다고 믿었다. 여기에서 역사의 논리라는 말을 사용한 것은 화학으로 말하면 화학이 역사 속에서 어떻게 발전했는지 고찰하는 것으로서 앞에서 말한 역사편찬과는 미묘하게나마 다르다. 그것은 이 레토릭이 효과적이기 위해서는 논리의 정합성을 유지하는 것이 중요한데 이 까닭은 이것으로부터 인용하는 역사 사례가 이 논리와 관련되기 때문이다.

시마하라 씨가 얘기하는 오류의 근원은 역사적 입장에서 명확한 의식을 수반하지 않더라도 역사 논리를 구성할 때 필요하다. 오히려 기본적인 전제라고 볼 수 있다.

특히 화학 교육에 참여하는 사람이 교육을 받는 사람에게 화학 발전의 역사를 가르침으로써 화학이라는 학문 분야에서 승인된 이론이나 개념 등에 관한 기초 지식을 쉽게 이해시킬 수 있다고 생각하는 것은, 단순히 이것이 상대의 흥미를 끌 수 있다고 믿을 뿐만 아니라, 화학사를 교육

논리에 종속시킬 수 있다고 믿기 때문이다. 또한 이것과는 별도로 교육을 받는 상대가 지적으로 형성되는 과정은 수 세기에 걸쳐 영위한 화학의 발전 과정과 원리적으로 같이 진행한 것으로 본다. 따라서 화학사의 교육은 화학 교육의 능률을 높이는 데 중요하다고 확신하기 때문이다.

2. 통사 화학 역사서

화학사의 기술에는 이 밖에도 몇 가지 동기가 더 있으나 여기에서는 설명을 생략한다. 화학사 중에서도 으뜸으로 여기는 것은 이른바 통사(通史)이다. 통사 화학 역사서 편찬의 전통은 매우 오래되었으며, 르네상스에 소급했으나 이것은 인접 과학과 다른 화학과의 현저한 특징이기도 했다. 뚜렷한 보기로서 독일의 그멜린(L. Gmelin, 1748~1804)의 『화학사』(1797~1799)나 역시 독일의 헤르만 코프(H. Kopp, 1817~1892)의 『화학사』(1843~1847) 등을 들 수 있다. 특히 후자는 19세기 후반에서 20세기 초기에 걸쳐 출판된 다수의 유사 서적의 규범이 되었으나, 이 전통에서의 최종적 저작이고 통사 화학사의 금자탑이라고 평가하는 것은 영국의 파팅톤(J. R. Partington, 1886~1965)의 거작 『화학사』(1961~1970)이다.[1]

파팅톤은 방대한 자료를 수집하고, 이 중에서 사실을 알맞게 나열하여 이 책을 구성했다. 개개의 사실은 지역별(나라별) 또는 분야별로 분류한 다음에 연대순으로 기술하므로 독자는 어느 정도 역사적 발전의 자취를 더듬을 수 있다.

파팅톤의 과거의 연구는 전적으로 현대 화학의 입장에서 평가한다는 점에서 통사 작가 중에서도 특출한 '현재주의'의 역사편찬을 채택하고 있다. 예를 들면 반발력 같은 것은 기체입자 사이에서만 생기고 다른 류의 입자 사이에는 작용하지 않는다는 돌턴의 원리를 '분압의 법칙'과 동등하다고 보고, 이것을 마치 실험적으로 확립된 사실인 것처럼 해석했다.[2] 그러므로 그의 『화학사』는 본문의 기술을 찾아보기(Index)로 만들었고, 여기에 주석으로 기록한 것은 문헌을 검색하는 데 필요한 참고서 같은 감이 있으며, 이것이 오히려 이 책의 특징이라고 할 수 있다.

이 『화학사』의 제4권(1964)은 1,000페이지를 초과하는 대작이며 기술은 19세기를 주로 하여 20세기 초기의 화학에 이르나, 19세기와 비교하면 금세기의 기사는 매우 빈약하다. 사실 20세기의 초기, 적어도 제1차 세계대전까지의 화학이라면 몰라도, 제2차 세계대전 후 그 영역이 과학, 기술 각 분야의 혁신의 물결로 화학 역시 일신했다. 이렇게 계속 퇴적되어 가는 엄청난 사실을 적절히 합리적으로 분류하고 각 주제마다 그 발전 과정을 기술한다는 것은 이미 화학사가의 사업 영역을 벗어난 것이다.

한편, 각 전문 분야에서 첨단 연구에 종사하고 있는 화학자의 대부분은 앞에서 말한 것과 같은 통사적 화학사서엔 아무런 흥미를 갖지 않았다. 그러나 이러한 화학자도 자신이 설정한 과제의 연구가 진행하는 각 단계에 따라 이것과 직접, 간접으로 관련하는 연구에 주목하고, 그러한 것에 역사적인 성찰을 가하면서 과제의 해명을 위해 조감도적인 전망을 구성하는 데 태만할 수도 없다. 이러한 종류의 작업은 연구 생활 일상에 수반하는 노력의 일환이며 연구 성과를 얻을 수 있는 요건이기도 하다. 역사는 밤낮으로 이루어진다는 것은 전 세계에서 적어도 수십만 명에 달하는 화학자가 부단한 연구 성과로 나타난 거시적 상황을 말하는 것이 아니다. 이것은 이들 화학자가 각각의 연구 과제를 둘러싼 역사를 구성하고, 각 분야의 전문가 사이에서 정보 교환에 도움이 되고 연구 촉진에도 필요하다는 뜻에서 현실화되었다고 본다.

파팅톤류의 화학사를 현재 미래를 향해 계속 쓰고자 한다면 화학사가는 연구자의 활동의 일부를 대행하는 것으로는 부족하다. 화학사는 화학 연구의 일부로서 흡수되고, 학문으로서 고유한 존재 이유를 상실하게 된다. 그러므로 파팅톤 역사편찬은 파산한다고 말할 순 없어도 그의 글은 다시 20세기 이전으로 되돌아갈 수밖에 없다.

3. '선입관'의 검토

1절에서 학문의 발전 중 역사 과정인 역사편찬과 화학 교육에 종속하는 역사의 논리의 미묘한 차이를 언급하고 시마하라 씨가 거론한 선입관은 전자 측에서 후자의 문제점을 지적한 것으로 이해한다고 말했다. 그러나 이러한 선입관이 전자에 의해 화학사 기술에서 빠지기 쉬운 약점을 가리키는 것이라면, 이 약점이 생기는 기원과 정체를 밝힐 필요가 있다. 그런 뜻에서 시마하라 씨가 거론한 선입관에 대해서 조금 음미하고자 한다.

그런데 순서는 반대이지만 먼저 '선입관 제5'를 다루기로 한다. 여기에는 화학사 기술의 오류는 '부주의로 발생하고 무비판으로 베끼는 데서 증폭된다'라고 쓰여 있다. 그 의미는 화학사를 기술하는 데 있어서 대체로 화학의 통사나 화학사 논문(3차 자료) 등의 검토로 시작한다 해도, 그 내용을 무조건 믿을 것이 아니라 다른 사료를 참고하거나 필요에 따라 원전(1차 자료)으로 소급하여 이것을 정밀하게 조사할 것을 요구한다. 연대(年代), 실험조작의 순서·방법이나 데이터 수치의 오독 등 부주의에 의해 생긴 비교적 단순한 오류는 이것으로 미연에 방지할 수 있다.

그러나 통사나 논문 같은 2차 자료의 저자는 고유한 버릇이나 경향이 있다. 즉 학문의 발전 과정을 기술하는 것이 제1차적 역사편찬으로서 이 저자들의 공통성이라 할지라도, 원래 그들이 학문의 발달을 고찰하는 시각에 따라 기술도 달라진다는 것을 유념해야 한다. 이러한 관점은 2차적인 역사편찬을 구성한다.

그러므로 '제5'의 '무비판적 베끼기' 자료를 대할 때, 비판적 태도의 결여를 뜻한다면, 역사편찬에 대한 감수성의 상실은 결과적으로 검토가 소홀해지게 되며, 이 중에서 중대한 약점을 꼽을 수 있다. 그러면 역사편찬을 구성하는 것은 어디에서 유래하는 것일까.

이것을 이해하기 위해 '선입관 제2'에 대해 생각해 보자. 여기에서 오류의 기초로서 '화학의 법칙이 항상 실험의 결과로 유도된다'라고 기술했는데 이것은 교과서 내 화학사의 특징이자 핵심적 부분을 이룬다. 중점이 '귀납적으로'라는 부분에 있다면 이 조항은 방법론의 문제로 귀착된다. 화학자인 토마스 쿤이 말하는 특정한 패러다임(Paradigm)에 의해 규격화된 연구에 종사하면 자신의 방법론에 대해 각별한 주의가 없어도 된다. 그러므로 '선입관 제2'는 방법론에 무관심한 부류의 화학자의 역사관에 비판을 가한 것으로서 그대로 타당한 것으로 받아들여진다.

그러나 화학자는 연구 과정에서 무엇인가 실험을 하고자 할 때, 예를 들어 미리 가설 설정을 인식하고 이것을 위해 문제를 어떻게 요약할 것인가, 이것에 따라 여러 가지 조건을 어떻게 받아들이고 버릴 것인가 등, 명확하게 의식하든 안 하든 그러한 것은 별도로 하고, 크든 적든 방법론적 여러 문제와 무관한 채로 귀납주의를 무조건 따를 수 없는 것이다. 따라서 여기에서는 실험을 포함한 연구 순서를 정하는 데 이러한 종류의 문제를 검토하는 것의 중요성을 충분히 인식한다. 그러나 교과서에서 역사 사례를 들어 해설하는 경우와 같이 교육의 장에 몸을 두면 180° 처지를 달리하여 귀납주의의 입장을 취하게 되면, 연구와 교육이라는 두 개의 경우에서 이 화학자의 태도는 완전히 괴리되고 만다. 그 이유는 우선, 수업에 방법론적인 여러 문제를 도입하여 초학자에게 '불필요한 혼란'을 일으키고, 화학의 구체적 지식의 교육과 습득에 방해가 되어서는 안 된다는 교육적 배려 때문이다. 강의 실험이란 순서의 의미도 귀납주의와 연관시켜 이해할 수 있다. 현재 강의 실험에는 여러 가지 유형이 개발되어 있으나 이것을 수업에 도입한 원래의 동기는 이러한 류의 괴리에 구애받는 것보다 실험의 '외관상의' 중요성을 강조하면서 일찍 학습자에게 인상을 깊이 심어줌으로써 과학 교육의 성과를 기대했기 때문이다.

학습자에게 '불필요한 혼란'을 초래하지 않으려던 교육적 배려는 다시 그들이 '불필요한 사변의 포로'가 되는 것을 두려워하는 기분으로 전환된다. 여기에는 오로지 신중하게 실험을 반복해야만 과학의 알찬 성과를 거둘 수 있으며, 이것이 충분하게 이루어지지 않음에도 불구하고 이론의 구성이나 법칙화에 앞장서는 것은 어리석다는 교훈이 담겨져 있다. 이러한 류의 교육은 통사 강연이나 교육의 장에서 강사와 청중 간에, 또는 연구 생활에서 사제지간 등에서 볼 수 있는 전형적인 설교이다. 그 기원(예컨대 영국에서)은 아마도 18세기 말로 소급될 수 있지만, 오랫동안 '귀납주의의 슬로건'으로 정착되어온 관행이다. 이 단계에서 교과서 편찬자의 견해는 교육상의 배려뿐만 아니라, 학습자를 지적으로 관리한다는 적극적인 의도로 전환한다. 따라서 '선입관 제2'를 기초로 하는 오류는 지적관리를 추진하기 위한 구조적인 오류가 된다. 오류라 말해서 나쁘다면 교육을 위한 레토릭이다.[3]

이 조항의 또 하나의 요점은 '실험'이라는 개념적 의미이다. 여기에서 말하는 '실험'이란 화학 이론에 의해 정규의 검증절차로 인정되는 순서에 따라 이루어져야 한다. '실험'은 고정된 게 아니고 검증해야 할 새로운 사실 혹은 이제까지 주목받지 못한 이론의 응용뿐만 아니라, 인접 과학이나 관련 기술과의 연대에 의해 끊임없이 변용, 진화하여 다양화되었다. 그러나 실험은 개발할 때마다 화학자의 공유재로 자격이 인정되므로 비로소 정식화되는 것이다. 이렇게 해서 실험에서 '귀납적으로' 유도되었다고 판단하는 법칙은 일련의 화학적 사실을 설명하는 새로운 지식으로서 화학의 내용에 부가되어 그 구조 요소가 된다. 따라서 '제2'에 의하면 화학의 진보는 그 폐쇄적인 지식영역의 확대라는 모양으로 이루어진다. 화학은 그 자신 속에 지식을 재생산해 가는 요인을 갖는다고 판단한다.

'제2'는 이 판단이 사실 거짓이라고 시사한다. 역사를 화학이라는 고유한 분야의 관점에서 기술하는 태도는, 이와 같이 화학의 진보를 폐쇄체계의 자기 증식처럼 보는 데서부터 생긴다. 이러한 역사편찬을 낳는 원인은 편의상 화학의 퍼로키얼리즘(Parochialism, 지역 혹은 특정 집단의 고유한 사고, 행동 양식에 한정된 생각)이라 부르기로 하자. 사료를 읽을 때의 비판적 태도의 결여도 이 퍼로키어리즘에 유래한다고 생각된다. 그러므로 화학의 역사편찬의 혁신은 이러한 부류의 퍼로키어리즘의 편협성을 깨는 일부터 착수해야 한다.

4. 화학의 사상사

그러기 위해서는 어떻게 하면 좋은가. 우선 이론 변환에 있어서 화학자는 자주 자신의 철학적 입장을 검증하고 이것과 시대사조와의 접점을 모색한 점에 주목해야 한다.[4] 그의 이러한 사색의 흔적은 실험 사실과 그 해석을 기술한 통상의 논문에는 드물게 나타나지만, 자신의 이론의 정당성을 설득하려 할 때 혹은 현상의 설명을 둘러싼 철학적인 입장이 상이한 다른 학자와 논쟁하는 경우나[5] 이론의 수용 과정 등에서 자주 나타난다.

예를 들어 라부아지에는 원소를 정의하면서 그 존재론에 구애받지 않고 이것을 화학분석이라는 화학자의 일상적인 일과 관련시켰고, 돌턴은 원래 경험적으로는 알 수 없고 나눌 수 없는 입자라는 개념의 원자량을 대응시켰다. 이런 태도는 역사 속에서 개념을 존중하는 것으로서 이론의 정당성을 기하는 한편, 혁신적인 제안에 대한 형이상학적 논의를 회피하고 전통을 중시하는 입장에 바탕을 두었다.

케쿨레의 구조 개념을 예를 들면 구형 모델로 나타내는 원자의 이미지에 기초하고 있으나, 여기에서는 이러한 원자가 존재할 것인가 아닌가에 대한 판단은 유보하고 있다. 그럼에도 불구하고 이 개념을 전제하고 있는 것은 이것을 포기하면 이론체계가 붕괴하고, 이제까지 애쓴 노력이 수포로 돌아간다는 이유만이 아니라 유기화합물의 조직화·분류에 헤아릴 수 없는 이점이 생기기 때문이다. 러시아의 화학자 부틀레로프(A. M. Butlerov, 1828~1886)는 케쿨레 원자를 화학 원자, 케쿨레 구조를 화학 구조라고 불렀다. 그러나 화학 원자가 곧 물리 원자로서 그 실재성이 확인될 것이라고 한 그의 사상은 케쿨레의 생각과 같지 않았다. 아마도 부틀레로프의 발언은 단순히 철학적 입장의 차이만으로는 설명할 수 없는 부분도 포함되어 있다. 화학원소, 화학 원자 혹은 화학 구조라는 용어는 실재와 관련된 사고에서 독립된 개념체계의 주요 용어이며, 이러한 말 속에서 '화학'이라는 형용사는 'conventional'이라는 철학 용어로 대치할 때 보다 쉽게 이해할 수 있다.

19세기 초기의 낭만주의 화학은 이러한 경향에 대항하는 횃불이었으나 유기화합물의 조성을 개관도적 표상(synoptical하게)에 의해 체계화하기 전에 컨벤셔널리즘에 길을 양보했다. 화학에서의 용어, 기호, 조성식,

명명법 등은 대체로 이 사고의 틀 속에서 설정된 것이다. 프랑스의 콩트 (A. Comte; 1798~1857)는 화학의 형이상학에서의 이탈을 실증주의 철학의 요청에 응답하는 특징으로 평가했다. 그러나 19세기 화학자 중에서 콩트주의자의 수는 많지 않았다.

컨벤셔널리즘은 다른 방면에서 화학자들이 독특한 체계적 지식을 공유할 것을 요청했다. 또한 이 체계는 화학자의 집단화를 촉진하는 여러 가지 요인에 의해 특수화가 진행되고 비전문가는 더 이해하기 어렵게 했다. 이것은 화학에서의 퍼로키어리즘의 형성·강화에 박차를 가했다.

그러므로 화학자를 뒷받침하는 철학을 고찰하여 그들이 계승한 사상적 전통을 분석하는 것은 화학사가 퍼로키어리즘에서 벗어나는 첫걸음이다. 앞에서 말한 파팅톤의 『화학사』의 간행에 종지부를 찍을 전후에 출판된 스코필드의 『기계론과 물재론』(1970), 타크레이(A. W. Thackray)의 『원자와 힘』(1970), 드레봐리봐의 『친화력과 물질』(1971) 그리고 나이트의 『화학의 선험적 측면』(1978) 등은 화학사 연구가 퍼로키어리즘을 벗어나는 동향을 나타내는 주목할 만한 저작이었다.[6] 이러한 것들이 번역되어 소개된다면 일본의 화학사 연구에 크게 유익하리라 생각한다.

이 저자들에게 역사편찬의 개안에 간접적으로 큰 영향을 준 것은 프랑스의 메츠거(H. Metzger, 1889~1944)의 연구이다. 그 이유는 1960년대 말에서 1970년대 초에 걸쳐, 역사편찬의 논쟁이 벌어졌을 당시, 과학사 창설기에 보여준 그녀의 업적이 상기되었기 때문이다. 메츠거는 1920과 1930년대 파리에서 활동하고 현대 화학의 사상사에서 선구적 업적이 평가되는『프랑스에서 화학의 여러 이론』(1923),『뉴턴·슈탈·부르하페와 화학 이론』(1930) 등을 발표했다.[7]

메츠거는 17, 18 양 세기에 걸쳐, 주로 프랑스에 병존한 여러 이론 또는 학설의 체계가 발전 혹은 쇠퇴하는 과정을 철학적 기초를 바탕으로 분석했으나 학문 간의 우열을 논하거나 발견이나 우선권을 판정하는 문제는 전혀 개의치 않았다. 그녀의 연구에서 주인공 역할을 하는 것은 같은 시대의 철학사조 그 자체이며, 이것은 학설에 의해 상징하는 사상이 착잡한 양상을 통해 묘사되었다. 저작의 표제에 등장하는 뉴턴 이하의 인명은 이들이 걸머진 학설을 나타낸 것이지 그들의 인간사를 뜻하지는 않는다. 학설을 구성하고 선택하는 과정에서 그들이 직접 생존했던 사회의 규범이나 이데올로기와 대응할 때 펼친 인간드라마의 고찰은 메츠거가 의도한 것은 아니었다. 그렇다고 메츠거의 시야에 한계가 있었다는 뜻도 아니다. 그러나 그녀가 고의로 무시했을지도 모를 측면의 화학과 일반적인 과학의 새로운 역사편찬을 전망할 수 있는 가능성도 부정할 수 없다.[8]

타크레이(A. W. Thackray)의『원자와 힘』은 주로 영국에서 18세기 뉴턴주의 물질 이론의 성립, 소장에 수반하여 발전한 화학을 사상사의 관점에서 이해하려고 했던 명작이다. 돌턴 원자론의 연구에서 출발한 저자는 1970년 전후의 역사편찬 논쟁의 와중에서 화학사 퍼로키어리즘을 자각하여 파팅톤의『화학사』에 심한 비판을 가한 방법으로 이 책을 출판했다. 논쟁을 통해 부상한 '내부사'와 '외부사'라는 주요 용어는 제각기 전통 속에서 연구에 종사해 온 사람들이 자신의 영역책정을 정당화하기 위해 고안한 용어이다. 이와 같이 '내부사', '외부사'의 구별이 각각 과학사가의 자기변명에 쓰이는 한, 역사편찬의 혁신은 기대할 수 없다. 사상사의 전통을 동경하던 타크레이는 1930년대 초기 이후 오랫동안 프랑스의 크와레(A. Koyré 1892~1964) 등 철학자, 역사가를 비롯한 일군의 지식의 역사 흐름에 반기를 든 사람들이 더욱 복잡하고 치밀하게 범위를 넓히면서 자신들의 역사편찬에 안주하는 모습에 반발했다.

『원자와 힘』은 사상사 저작이면서 저자가 일부러 이 전통으로부터 결별하기 위해서 쓴 새로운 역사편찬을 위한 여정의 서곡이었다.

5. 역사학의 한 분야로서의 화학사

역사편찬 논쟁을 매듭지은 후 20년 가까이 과학사가 지향하는 방향은 크게 변화했다. 화학사도 예외는 아니다. 과학사는 과학철학과 연계를 유지하면서 한편으로는 과학의 각 분야에 특유한 퍼로키어리즘을 벗어나는 방향으로 진로를 잡았다. 화학사로 말하면 이제까지 연구대상의 꽃으로 이어졌던 화학 이론이 화학자의 업적, 생애에 대해 새로운 시각을 모색할 뿐만 아니라, 이제까지 주목받지 못한 주제나 측면이 수없이 부상하게 되었다. 과학사의 이 복잡한 현상을 간결하게 표현한다면 과학사는 과학의 특수한 내용을 반영하는 독자적인 분야가 아니라, 역사적 내용으로 그 일부를 구성한다는 인식이 과학사가 사이에 서서히 침투된다고 할 수 있다.

이것이 구체적으로 무엇을 뜻하는지 사람에 따라 의견이 다를 것이다.

그러므로 사견의 일단을 피력하면 과학의 내용은 앞으로도 주의 깊게 고찰하겠지만, 그 결과는 지식을 낳는 과학자는 말할 필요도 없고 어떤 의미로도 관심을 기울이는 사람들의 사색이나 행위의 객체로서 기술되므로 그 자체가 과학사 연구의 목적이 될 수 없다. 여기에서는 개인이나 다양한 의식을 갖는 각각의 집단으로서 특정한 시대나 사회가 이루는 역사의 부대와 유기적인 관계를 맺은 인간이 거기에 등장하여 과학과 교류하는 양상이 묘사된다. 과학은 이미 과학사의 주인공이 아니다. 그리고 과학사의 기술은 다루는 주제에 따라 상황이 달라지지만 적어도 내부사, 외부사의 구별은 소멸할 것이다.

그러므로 지금 말한 것을 1860년에 개최된 화학자 국제회의를 보기로서 설명하고자 한다. 이 회의는 이 책에서도 오오노 씨(5장), 고시오 씨(6장), 시마하라 씨(8장) 등에 의해 언급한 대로 통사 화학사에서도 자주 다루는 중요한 주제 중의 하나이다.

통사의 기술에서는 다음 세 가지가 요점이다.

「19세기 중엽 원자, 분자, 당량 등 화학의 기초개념에 대한 화학자들의 견해는 가지각색이었고 심한 혼란(A)이 있었다.
회의(B)에는 각국의 저명한 화학자가 다수 참가했다.
이탈리아의 화학자 카니차로(C)가 안건을 들고 등장했다.」

그리고 통사는 다음과 같이 기술했다.

'A라는 혼란은 B에서 토론을 통해 C가 중요한 역할을 했으므로 해결할 수 있었다. 그리고 1830년대 이후의 화학, 특히 유기화학의 정체는 회피하고 B는 화학의 진보에 대해 크게 공헌했다.'

이 기술(명제)에서 A, B, C는 이미 설정된 인과 이론의 한 고리로서 역할을 하며 명제는 결코 역사의 설명이 아니다. 예를 들어 이 명령을 인정한다 해도 다음의 것이 밝혀질 때까지 기다려야 한다.

I. A라는 혼란의 정체의 근원은 무엇인가.

II. B라는 회의의 성립과 본질을 어떻게 이해할 것인가.

III. B는 어떤 의의를 갖는가, 이것은 앞의 항과 함께 역사편찬의 핵심부이다.

IV. B의 참석자와 불참자는 누구인가.

V. C의 견해는 어떤 시각에서 고찰하는가.

앞으로 이 문제들의 의미를 순서대로 해설하기로 하자.

I 회의에 앞서서 20에서 30년 사이의 화학계의 상황을 혼란이라고 보는 것은 현대 화학을 근거로 조감도적인 시각의 인식에서 생겨났다. 그러나 과연 그랬는가. 이때 중요한 것은 개개의 화학자나 특정한 학파에 속하는 사람들이 현상이나 실험 사실을 어떤 방법론적 입장에서 해석하고 있는가를 밝히는 것이다. 분명히 이 시기에는 사실의 해석이나 화합물

의 체계화를 둘러싸고 자주 격심한 논쟁을 반복했다. 그러나 대부분의 논쟁은 해석의 입장이 다른 사람들 사이에서 일어나기 쉽고, 논쟁이 성립하고 계속되는 것은 당사자가 그만큼 강하게 자신의 입장에 확신을 가졌기 때문이다.[5] 따라서 논쟁은 쉽게 결론을 얻을 수 없고, 전체의 사태는 혼란한 것처럼 보여도 개개 연구자는 다원적으로 병립하는 입장을 고집하기 때문이지 어느 견해가 옳은 것인지 판단할 수 없어서 망설인 것은 아니다. 물론 각각의 입장에서 아무 곤란도 없었다는 것은 아니지만, 이것 때문에 연구가 암초에 부딪혔다는 것을 의미하지도 않는다. 그러므로 이러한 화학자가 회의에 참석해도 자신의 견해를 버리고 통사 작가가 기대하는 입장으로 개종하고, 회의 후에 그때까지 통일을 이루지 못한 채로 경합하는 것처럼 보인 각파의 연구 동향에 현저한 변화가 생길 것이라는 판단은 더 검토가 필요하다.

그러나 이러한 종류의 검토는 회의록[9]의 추정에 더하여 근원적으로 역사편찬은 부적절하며 이러한 것에서 흥미 있는 성과를 기대하기란 어렵다.

Ⅱ의 문제는 카를스루에 회의에 관한 연구 중에서 가장 중요한 점이다. 그것은 화학의 국제회의로서는 최초의 시도이며 국제회의가 일상화된 현대와는 달리, 회의의 성립을 이해하는 데는 많은 문제가 있기 때문이다. 여기에는 다음과 같은 논점이 있다.

우선 약관 30세(1859년 당시)의 케쿨레가 회의의 개최를 기획한 의도와 전략뿐만 아니라 그가 개최의 주도권을 잡을(그에 대한 학계의 평가도 고려하여) 결단에 이르기까지의 경위. 회의의 가능성에 대한 그의 전망과 선견성. 회의의 주제, 즉 화학의 기초적 여러 개념에 관한 토론은 이 선견성에 종속하는 현명한 선택이며, 그 자체가 목적이 아니었다고 추정하는 점.

이 회의에 출석하는 각국 화학자의 대응 또는 평가를 검토하는 일. 특히 독일 화학의 우위성에 대한 대응. 이것에 대한 각국 화학자의 대응은 반드시 동일하지 않았다.

예를 들어 영국인은 독일 화학의 우위를 인정했으나 자기 나라의 문화적 층의 두께와 구조에 대한 확신에서 독일 화학의 제도적 도입은 원하지 않았다. 프랑스인이나 러시아인은 이력 형성에 관한 장점에서 회의 출석을 평가했을 것이다. 독일어권만 있을 뿐 통일 국가의 형태를 갖추지 않은 독일은 국가로서 영국과 프랑스에 자랑할 만한 특질을 거의 갖추지 못했다. 그러므로 화학의 우위를 통해 그 주도권을 확립하는 것은 국가적 위신의 신장으로 연결된다. 그것은 국가통일의 전략의 일환으로서 의식했을 것이다. 이러한 각국 화학자의 의식 차이는 민족주의가 발생할 여지를 주지 않고, 반대로 회의의 진행에 유리하게 작용했다.

Ⅲ 회의는 국제성 자각을 통해 각국 화학자의 공동체 의식을 조장하는 효과가 있었다. 이 의식이 화학자 퍼로키어리즘과 같은 뿌리였다면, 이 국제성의 관념은 퍼로키어리즘과 표리일체의 관계가 되며 나아가 그 강화에도 기여했다고 볼 수 있다.

Ⅳ 회의록에서 출석자와 적극적인 토론 참가자를 특정하여 이들의 집단적 특성을 판단한다. 여기에는 각 화학자의 개인적 사정과 상호 간의 교류에 대해서 상세하게 분석하는 것이 필요하다.

Ⅴ 카니차로의 견해가 교육상의 배려에서 생긴 것이며, 연구자로서의 일상적인 일이 이론 형성의 동기가 아니라는 것은 아마도 오오노 씨가 지적한 그대로일 것이다. 최근에 교과서 저자의 사색과 편찬작업과의 관계를 해명하려는 연구를 가끔 보게 되는데, 이 역사편찬은 카니차로의 경우에도 검토할 필요가 있다.

이상 카를스루에 국제회의에 대해 검토해야 할 여러 과제를 열거했는데 'A는 B에서 C에 의해 해결되었다'라는 앞에 적은 통사의 명제는 문제점 Ⅰ과 Ⅱ의 고찰이 타당하지 않다는 것을 추정한다. 그리고 대체로 화학사 연구는 이러한 종류의 명제를 해결할 수 있는 차원에서 해야 한다고 강조하고 싶다.

6. 화학 교육과 화학사의 접점

이 책의 목적은 고교 화학 교과서에 포함하는 화학사 기사의 잘못이나 부정확한 점을 지적, 교정하는 것만이 아니라, 이러한 오해가 생기는 유래에 대해서도 해설하고자 한다. 다룬 화제는 다케하야시 씨의 '요소의 합성과 생기론'을 포함하여 원자·분자 등 화학의 기초 개념에 비중을 두고 있다. 그러나 이 책을 읽으면 이러한 교과서의 다른 부분에서도 같은 약점을 발견하게 된다. 또한 서술의 표면에는 화학사의 색채가 없어도 설명에 인과의 논리가 적용되어 있는데 이 경우엔 역사의 입장에서 보면 부정확하다고 생각할 부분도 있으리라 예상한다. 그러므로 수록된 각각의 과제에 대한 해설은 이 책의 취지를 충분히 살렸다고 평가할 수 있을 것이다. 그리고 만일 이것이 교과서에 대한 경계심을 키우는 데 약간의 역할을 할 수 있었다면 이 책은 기대 이상의 수확을 얻었다고 볼 수 있다.

그러므로 이 책의 사명으로 보아 여기에서 더 할 말은 없다. 그러나 상식의 오류가 취재된 것은 다름 아닌 교과서이므로, 고찰은 이들 교과서에 의해 실시하고 있는 화학 교육과 화학사와의 접점에 가로놓인 문제로 옮겨가게 된다.

우선 이 책에서 기술한 수정이 과연 교과서의 개선에 필요한지 어떤지 하는 문제가 있다. 개개의 수정점을 교과서의 문제 부분에 그대로 옮길 수 있는가 하면 그것은 불가능하다. 이미 말한 바와 같이 교과서는 통사 화학사의 설명을 교육의 효율화를 위한 논리로 적용하기 때문이다. 교과서에서 중요한 것은 논리이지 그 기술이 화학사로 정확한가 하는 것은 2차적인 문제이다. 따라서 수정을 요구한다면 라부아지에·돌턴·프루스트·아보가드로 등의 인물명을 빼고 화학사와의 관계를 단절하면 문제는 해결된다. 좀 지나친 것 같지만, 이러한 방법을 교과서 측의 대응이라고 생각해 볼 수 있다. 왜냐하면 이것은 계획적으로 짜여진 거짓이기 때문이다.

또한 교과서의 기술은 연동한다고 해도 좋을 정도로 통사 화학사와 밀접한 관계가 있으므로, 나중에 이 책을 하나의 출발점으로 삼아 통사를 전면적으로 다시 쓰면 어떨까 하는 생각도 들었다. 그러나 이제까지의 통사를 인간이 화학과 관련지어 온 여러 측면의 기술로 바꾸려는 시도는 통사를 구성하는 현대 화학(통사가 기술되는 시점에서의 동시대 화학)의 구분과 기준이라는 큰 테두리를 제거해야 비로소 가능하므로, 이것을 하나의 단행본으로 편찬할 수 있는 논리적 보증이다. 물론, 여기에는 '어떤 화학자가 **무엇 때문에** 특정의 문제의식을 갖고, 이것에서 유도되는 구체적인 과제에 **어떻게** 답하는가가 문제의 해결이라고 믿었던 것' 같은 의문의 해결도 포함하고 있다. 그러나 이것을 해명하려면 굵은 글씨인 '**무엇 때문에**'나 '**어떻게**' 같은 부분의 분석에 큰 비중을 두게 될 것이다. 그리고 해명된 것으로부터 '어떤 화학자가 이러 이러한 문제의식에서 어떤 과제를 이렇게 설명했다'라는 부분을 발췌할 수는 있으나 이것이 정말 기술에서 중요한 의미를 갖는 부분이라고 말할 수 없다. 또한 이러한 종류의 의문 자체도 시대나 사회의 큰 조류의 하나로 국면을 해결하기 위해서 제기되는 것이다. 그러므로 화학의 진보 그 자체도 화학사에서는 매우 추상적이며 부분적인 의의를 갖는 데 불과하다.

여기에서 기술한 것은 재래형의 통사와 대체되는 화학사가 어쨌든 존재한다고 가정한 데서 판단되는 결과이다. 그러나 대체물을 추구하기 위해 굳이 무리를 거듭할 필요가 있을까. 결론부터 말한다면 역사학의 일부로서의 화학사 연구는 앞으로도 계속될 것이나 통사 화학사는 이미 과거의 것이 된다.

통사와 관련된 화학 교과서의 '역사의 논리'라는 것은 이 화학사와는 인연이 없다. 하물며 화학 교육의 현장(일부)에서는 화학사는 자칫하면 무미건조하기 쉬운 화학 수업에 한 잔의 청량제로서 학생들의 흥미를 환기시키는 데 충분하다는 의견도 들린다. 이 경우에는 역사 기술의 정확성이나 귀찮은 논의도 할 필요가 없는 것이다. 화학 교육에 풍기는 이러한 풍조 속에서 역사학은 도저히 성립할 수 없다는 것이 명백하다. 화학사 교육(흔히 과학사교육)의 역할은 화학 교육과는 다른 차원에 있다. 화학사는 화학 교육에서 분리되어 필요하다면 과학사로서 독립하여 화학 교육에 대한 봉사를 염려할 것 없이 교육의 진가를 발휘해야 한다.

그러나 사정이 일시에 진행되지 않는다면 이 책에서 보여준 것과 같은 착실한 노력 축적이 필요할지도 모른다.

참고문헌과 주

1 여기에 예시한 통사 저작의 순은 다음과 같다.

Johann Friedrich Gmelin, *Geschichte der Chemie seit dem Wiederaufleben der Wissenschaften bis an das Ende des achtzehenten Jahrhunderts*, 3 vols. Göttingen, 1797-9; Hermann Kopp, *Geschichte der Chemie*, 4 vols. Brunswick, 1843-7; James R. Partington, *A History of Chemistry*, 4 vols. London, 1961-70.

2 돌턴의 보기에서는 井山弘幸, 본서, 제4장, 그리고 井山弘幸, 『ドルトン化學哲學の新體系他』, 朝日出版社(1988), p.25.

'현재주의'는 이른바 '호익주의' 혹은 '승리자 사관' 등의 용어와 근원이 같다. 뒤의 두 가지가 과거의 연구 중에서 현재까지 살아남아 현대 과학의 발전을 지지한 요인으로 보는 것은 선택적인 평가이며, 마이너스의 업적은 폐기한다는 뜻에 중점을 두는 데 반해, '현재주의'는 과거의 연구를 현대 과학에 대한 기여도의 여하에 관계없이 전적으로 현대의 입장에서 해석하는 역사편찬을 말한다. 이러한 '현재주의'의 관점을 용인하면 과학사의 학문적 위치 설정에 중대한 문제가 생긴다. 즉, 현재주의의 입장에서는 필연적이며 현대 과학의 각각의 분야에서 전문적 지식을 전제로 과학사 연구에 종사하는 한, 각 분야의 전문가는 적어도 전공에 대해서 어느 정도의 소양이 있는 사람이어야 한다. 이른바 '학설사'에 있어서 분명히 전문가가 유리하다. 그러나 과학사가 이러한 과제로 일관된다면, 과거로부터 현재까지 각 시대와 사회의 정치·경제·문화 등이 얽히는 속에서 나타난 과학의 모습을 분석, 상대화하는 학문의 이념을 살릴 수 없다. 이 분야는 절대(화학의) 전문가의 독무대는 아니다.

3 19세기 초기의 영국 초등 과학 교육은 과학이 심원한 뉴턴 철학의 이미지나 낭만주의 과학의 신비적이라고 말할 수 있는 형이상학과 연관되는 부분을 각별히 할애하여 이것을 '귀납주의 슬로건'에 의해 재편성했다. 강의 실험을 채용하고 초심자의 관심을 갖게 하여 이해를 쉽게 하려고 시도했다. 1820~1830년대의 노동자, 직업층에 대한 과학 교육에 관한 연구에는 학습자의 관리 측면을 중시하는 역사가가 적지 않았다. 이와 같이 교육에서 초심자에 대한 설득은 산업사회의 부르주아 이데올로기 하에서의 레토릭으로 전환했다.

논쟁 중 '귀납주의 슬로건'에 대한 연구 사례는 영국 화학사 학회의 기관지 『암팩스』에 기재된 브루크의 논문 「유기화학의 발전에서의 방법과 방법론」 참조, John H. Brooke, *Methods and Methodology in the Development of Organic Chemistry.*, Ambix, **34**, 147-155(1987).

4 과학사가 과학철학과 밀접한 관계가 있고 또한 20세기 후반의 과학철학에는 다수의 유파가 존재하여 과학자의 철학적 입장은 이들 유파에 의해 각양각색으로 분석되므로, 상황은 더 복잡해진다.

5 논쟁은 자주 아무 성과 없이 끝나거나 저절로 사라지는 경우도 많다. 하지만 이제까지의 화학사는 역사 지식에 따라 논쟁의 한쪽 당사자를 보수적이며 선견성이 없다고 하거나 심할 때는 고집스럽다는 식으로 몰아붙여, 승리자를 판정하는 데만 급급하고 논쟁의 본질을 파악하는 데는 전혀 관심을 기울이지 않았다.

6 Robert E. Schofield, *Mechanism and Materialism. British Natural Philosophy in An Age of Reason*, Princeton, N. J., 1970.; Arnold W. Thackray, *Atoms and Powers. An Essay on Newtonian Matter Theory* *and the Development of Chemistry,* Cambridge, Mass., 1970; Trevor H. Levere, *Affinity and Matter. Elements of Chemical Philosophy 1800-1865,* Oxford, 1971; David M. Knight, *The Transcendental Part of Chemistry,* Folkestone, Kent, 1978.

7 본문에 제시한 메츠거의 저작은 Hélène Metzger, Les doctrines chimiques en France du dé but du XVⅡe à la fin du XVIII siècle, Paris, 1923; *Newton, Stahl, Boerhaave et la doctrine chimique,* Paris, 1930.
메츠거는 제2차 세계대전 중 반나치 저항 운동에 참가, 체포되어 아우슈비츠로 호송 도중 혹은 가스실에서 학살되었다고 한다. 그녀의 저작은 그 자체의 의의뿐 아니라, 일시나 상황 등 최후를 목격한 증언자조차 없는 비극적인 생애 때문에 화학사가들의 뜨거운 공감을 받아 주목받게 되었다.

8 1987년의 『*History of Science*』지에는 반산 반소드(프랑스) 고린스키 그리고 크리스티(2명은 영국) 등 중견·신진의 화학사가(인명은 게재순)가 메츠거 저작의 히트 역사편찬을 검토한 논문을 기재하고 있다. *History of Science*, **25**(1987), p.71—109. 또한 川崎勝는 슈탈 화학을 개괄하는 중에 메츠거의 저작을 소개·해설하고 있다. 川崎勝, 「シュタール化學の原像: 18C化學の一つの出發点」, 『化學史研究』, 제3호(1988), p.119.

9 카를스루에 회의의 회의록은 Mary J. Nye(미국)가 편찬, 해설한 사료집 『原子の問題』에 수록되어 있다. Mary Jo Nye (ed.), *The Question of the Atom from the Karlsruhe Congress to the First Solvay Conference 1860-1911,* Los Angeles, San Francisco, 1984, p.5-28.

후기: 본서 성립의 경위

라부아지에, 돌턴, 게이뤼삭, 아보가드로 등, …, 여러분들에게는 그리운 이름일 것이다. 그리고 이들을 포함한 역사를 바탕으로 한 화학 기초에 대한 설명은 매우 논리, 명쾌하고 우리들의 대부분은 그 덕분에 화학을 터득했다. 반면에 그것이 너무나도 완벽하기 때문에 모조품처럼 보이는 이 자리에 일단 자기를 놓고 생각하면, 화학의 기초가 어떻게 성립될 수 있었는지에 대해 모르는 일이 많이 나온다는 것도 여러 번 인지했을 것이다. 수년간에 걸쳐서 많은 자연과학 교육상의 이념·방법이 계발적(啓發的), 발견적 방법을 포함한 변천 과정에서 이 교과서의 화학사가 적극적으로 삭제 없이 보존되어 온 것을 생각해 보면 이상한 일이다.

따라서 이 책은 틀림없이 나와야 했던 것이고 오히려 너무 늦었다는 생각도 든다. 이 책 속에서 볼 수 있는 것처럼 새로운 화학사 상식이 정착될 때까지는 아직도 많은 우여곡절을 예상한다. 이 책이 그를 위한 커다란 첫걸음이 되기를 바란다.

이 책은 일본 화학회의 잡지 『化学と教育』(당초 『化学教育』)의 34권 4호부터 36권 1호까지 10회에 걸쳐 연재된 강좌 '화학사 상식의 오류'를 기초로 한 것이다. 그래서 이제 그 경과를 언급함과 동시에 그동안 신세를 진 분들께 감사를 표한다.

이 기획은 시마하라 겐조 씨에 의해서 편집위원회에 제안하고 호의적으로 가결되었다. 위원장 이노우 케이(伊能敬) 씨는 특히 열의를 보여 주었다. 장수, 횟수와 이례적(異例的)인 규모의 연재 강좌가 실현된 것은 시마하라 씨의 우수한 기획에 이노우 씨의 지원을 받았기 때문이다.

기획은 소위원장 시마하라 씨를 비롯하여 와타나베 마사도시 씨와 하라 세이카이(原成介) 씨 및 화학사 학회의 후지이 기요히사 씨, 무토 신 씨와 고시오 겐야로 구성되는 기획 소위원회에 의해서 추진되었다. 특히 하라 씨는 숨은 공로자로서 처음부터 끝까지 애써 주셨다.

집필은 대부분 화학사학회의 회원에게 의뢰했다. 이 기획의 성공은 화학사학회의 여러분의 뒷받침이 크다. 또한 화학사학회 이외에 특히 물리학 분야의 니시오 시게코 씨에게 집필을 의뢰한 것을 밝히고자 한다.

당초 이 책의 출판 희망은 다행히도 고단샤로부터 출판 인수의 표명을 얻음으로써 급속히 구체화되었다. 연초에 편집위원회의 출판 허락에 관하여 제안, 가결된 후 위원장 와다누키 구니히코 씨의 추천을 받아서 일본 화학회 간행물위원회에 상정했다. 간행물위원회[위원장 이노우에 쇼헤이(井上祥平) 씨]에서는 이 책의 주요 뜻을 이해하고 주도면밀하게 심의한 끝에 간행인가를 내리고 다스미 미쓰오(田隅三生) 씨, 시마하라 씨, 후지이 씨, 고시오(위원장)로 구성된 소위원회에 간행을 위촉했다. 특히 간행물위원회의 다스미 씨로부터 시종일관 엄정하고 간독(懇篤)한 의견과 지도를 받았다. 원고의 통일, 조정 등의 실무는 시마하라 씨를 중심으로 3명이 진행했다.

또한 이 책의 제목은 처음 연재할 때와 같은 '화학사, 상식의 오류'로 할 예정이었지만 여러 가지 의견 등을 감안해서 간행물위원회에 제출할 때는 '화학사, 상식을 다시 보다'로 하고 부제목과의 관계는 지금처럼 한 것이다.

집필자 여러분께서 연재 원고를 이 책에 전재(戰載)할 것을 쾌히 승낙해 준 것은 물론이고 가필(加筆), 조정, 통일 등에 관한 소위원회로부터의 요청, 연락에 신속히 대응하여 편집을 원활하게 진행한 것은 매우 고마운 일이었다. 특히 가시와기 하지메 씨께서는 연재와는 별개로 새로 집필을 해 주셨다. 귀중한 논고(論考)에 의해서 마지막을 장식할 수 있었던 것은 큰 기쁨이다.

일본 화학회 사무국에서는 기획 연재 시에 편집 제1 부장 사토 마사유키(佐藤正行) 씨에게 출판의 단계에서는 마찬가지로 가와노 게이유(川野惠右) 씨에게 각별한 신세와 지도를 받았다. 또 다데바야시 도모코(館林紀子) 씨에게는 큰 것과 작은 것을 망라하여 여러 가지로 신세를 졌다.

고단샤 과학도서 출판부의 후지이 도시오(藤井後雄) 씨는 이 책의 출판에 시종일관 열의를 갖고 편집의 실무는 말할 것도 없고 출판사의 입장에서 여러 가지 시사(示唆)와 편의를 제공했고, 집필자와의 대응, 위원 간의 연락 등, 소위원회의 사무국 일까지 대행하셨다.

생각해 보면 3년의 세월을 거쳐 지금 이 책이 세상에 나올 때까지, 관계자의 한 사람으로서 참으로 감개무량하다. 다시 이 경과를 돌이켜 볼 때 이 책이 많은 분의 지원과 노력의 덕분이라는 것에 새삼스레 감회에 젖는다. 여기에 외람되지만 소위원회를 대표하여 심심한 감사의 뜻을 표한다.

일본화학회 간행물위원회 『화학사, 상식을 다시 보다』
소위원회 위원장 고시오 겐야

도서목록
- 현대과학신서 -

도서목록
- BLUE BACKS -